KB246414

폴리머 전지

植谷慶雄 지음 ㅣ 한원철 옮김

BM 성안당
www.cyber.co.kr

폴리머 전지

原書名 : ポリマーリチウム電池
著者 : 植谷慶雄
ⓒ 1999 株式會社 シーエムシー 刊

발간에 즈음하여…

눈이 휘둥그래질 정도로 일렉트로닉스 기술이 진전함에 따라 우리들의 생활은 계산기, 워드 프로세서, PC, 액정 TV, 휴대폰 등 전지를 사용한 제품 없이는 생각할 수 없는 시대가 되었다. LSI의 기술과 함께 mobile 시대의 중심적인 역할을 하고 있는 것이 바로 전지이다.

이전에는 로테크 산업의 자리에 만족하던 전지가 일렉트로닉스 기기의 발전을 리드하면서 일차전지에서 이차전지로 개발이 진행되었고, 현재는 한층 더 새로운 가능성을 지닌 폴리머전지가 하이테크 산업의 첨단을 바꿀 주역으로서 주목받고 있다.

본 서는 3편으로 구성되어 있으며, 제1편에서는 전지의 역사로부터 현재에 이르는 경위 외에 전지에 관한 기초지식에 대해서 설명하였고, 제2편에서는 주제이자 테마인 폴리머리튬 이차전지의 기본과 일본 및 세계의 개발상황에 대해서 서술하고 있다. 더욱이 제3편에서는 무한한 가능성을 지닌 폴리머전지의 미래에 대한 꿈을 설명하고 있다.

이처럼 전지의 기초부터 시작해서 미래에 각광을 받게 될 폴리머리튬 전지의 가능성에 대해서 알기 쉽게 서술한 본 서는, 전지관련 기업의 기기설계 기술자는 물론이고, 전지에 관심이 많은 일반 독자 또는 이공계 학생들의 부교재로서 이용될 수 있도록 집필되었다. 본 서가 많은 이들에게 도움이 될 수 있기를 바란다.

본 서의 저자인 植谷慶雄씨는 전지관련 업계의 요직을 역임하며 여러 차례의 수상경력과 저서를 남긴 전지개발의 1인자였으나, 이번 원고의 완성 직전 급서하시어 이 책이 유고가 되었다.

1999년 10월　CMC 편집부

일본의 소니사에 의해 세계 최초로 공업화가 이루어진 리튬이온 전지는, 언급하기에도 새삼스러운 휴대전화, 노트형 PC, 캠코더 등으로 대표되는 코드리스(전선이 없는) 기기의 보다 작고 가벼우며 많은 양의 전기를 공급할 수 있는 에너지원으로서 주목받아 왔으며, 1999년에는 한국에서도 리튬이온 전지의 양산이 시작되었다. 이러한 리튬이온 전지의 양산과 더불어 기술개발의 과정에서 제시된 새로운 타입의 전지가 폴리머전지로서 같은 해인 1999년에 일본이 소니사와 마쯔시타사가 양산을 개시하였다.

이러한 국내의 개발동향을 신문지상이나 특히 인터넷의 전지관련 사이트를 통해 살펴오던 중, 폴리머전지에 관한 국내의 고조된 관심과는 달리, 우리 나라에서는 이를 언급하고 있는 서적 등의 자료가 부족하다는 것을 알게 되어 본 서 번역의 필요성을 절실히 느끼게 되었다.

기존의 리튬이온 전지에서 전지의 3요소(양극, 음극, 전해질(액)) 중 전해액 부분을 폴리머로 대체한 이 전지는(상기의 일본에서 양산된 것을 기준, 일명 겔 타입 폴리머전지) 기존의 리튬이온 전지가 가지는 장점에 형상의 자유성과 누액이 없고 안전성이 뛰어나며 제조가 간편한 점이 추가된, 앞으로의 하이테크 산업을 선도할 전지로 여겨지고 있다.

본 서의 번역 과정에서 느낀 것은 이와 같이 최첨단의 실용화된 전지에 대해 언급하면서도, 처음 이차전지를 접하는 사람이 봐도 이해가 쉽도록 그 역사적 배경부터 시작하여 전지의 개요와 변화를 서술하고 있다는 것(리튬이온 전지에 대해서도 상세히 설명하고 있다)과, 초심자들이 겪을 용어와 내용상의 낯설음을 없애주기 위해 내용의 흐름에 있어 앞의 내용을 계속하여 리마인드할 수 있도록 배려하고 있다는 것이다. 특히, 전지의 발전상 중요한 부분을 아무런 무리 없이 평이하고 자연스럽게 전개해가고 있다. 그리고 이 분야의 선두 기업과 연구소(실)의 연구 사례를 서술하고 있는 점 또한 흥미롭다.

끝으로 역자의 갑작스런 출판 제의를 흔쾌히 받아주신 이종춘 회장님과 이종원 이사님, 그리고 이재홍 사장님과 책의 마무리 작업을 도와주신 편집부 여러분들께 사의를 표하는 바이다.

2000년 9월   역자

차 례

제3편 무한한 가능성을 내포한 폴리머전지

제1편

전지에 관한 기초지식

██████

mobile 시대를 맞이하면서 전지는 이들의 mobile 기기에는 없어서는 안 되는 것이 되었으며, 전지산업은 활황을 띄고 있다. 한때는 로테크 산업이라고 불려진 전지이지만, 기기의 고급화가 진전됨에 따라 전지 역시 고도의 기술에 의한 이차전지가 요구되어, 지금은 하이테크 산업의 첨단으로 여겨지는 시대가 되었다. 이러한 시대 요청으로 종래의 니켈 카드뮴 축전지에 더하여 최근 10년 남짓한 기간에, 니켈수소 축전지나 리튬이온 이차전지라는 새로운 이차전지가 개발되어 커다란 세력으로 그 생산량을 늘리고 있다.

그러나 이러한 전지만으로는 왕성한 시장 수요에 충분히 응하지 못하여, 현재는 새로운 가능성을 지닌 폴리머전지가 각광을 받고 있다.

본 서는 새로운 에이스로 부상한 폴리머전지의 현상을 소개함으로써 장래를 예측해 본 것으로, 그 이해를 깊게 하기 위해서 제1편에서는 우선 전지의 기본적인 사항을 해설한다.

██████

제 ❶ 장
전지란 무엇인가? 폴리머전지란 무엇인가?

제1차 산업혁명으로 인류는 증기의 힘을 이용하여 커다란 발전을 이루었으나, 지금은 전기의 시대로서 인류는 전기 없이는 살아갈 수 없게 되었다.

전기에는 교류 전기와 직류 전기가 있는데, 교류 전기는 수력발전, 화력발전, 풍력발전, 지열발전 등에 의해서 만들어진다. 그 종류에 따라 에너지로부터 전기를 만드는 방법은 여러 가지가 있지만 대표적인 것이 화력발전이다.

화력발전에서는 석탄이나 석유 또는 천연가스와 같이 화석연료라 불려지는 화학물질을 연소해서 화학에너지를 열에너지로 변환시키고, 그 열에너지로 수증기를 만들어 수증기의 압력으로 터빈을 돌리며, 그 회전력과 자력의 조합에 의해서 발전기로 발전하는 복잡한 과정에 의해 전기를 만든다.

1. 전지란

직류 전기는 전지에 의해서 만들어진다. 전지는 지금 우리들의 생활, 특히 야외 생활에 없어서는 안 되는 것인데, 전지에도 화학전지, 연료전지, 태양전지, 원자력전지 등 여러 가지가 있다. 현재 가장 폭넓게 사용되며 이 책의 주제이기도 한 것이 화학전지이다.

화학전지는 화력발전에서처럼 화학에너지를 이용해서 전기를 얻지만, 화력발전과 같은 복잡한 시스템이 아닌, 화학에너지를 직접 전기에너지로 변환하는 디바이스이다. 그 때문에 변환효율이 매우 뛰어나다는 특징이 있다.

전지의 발전 메커니즘을 그림 1.1.1에 나타내었다. 화학에너지를 전기에너지로 변환하기 위해서는 양극의 화학물질(양극 활물질)과 음극의 화학물질(음극 활물질)의 페어가 필요하다. 전지가 부하에 연결되어 스위치를 넣으면 음극 활물질이 음극에서 산화되어 전극 내에 전자(일렉트론)가 발생한다. 이렇게 발생된 일렉트론은 외부 회로를 통해 부하에 도달하고, 이로써 전등을 밝히거나 모터를 돌리는 등의 일을 해서 양극으로부터 내부로 돌아오며, 양극 활물질을 환원하는 것에 의해 일렉트론은 소멸한다. 또 일렉트론과 반대인 흐름을 전기의 흐름(전류)이라고 한다.

이러한 일련의 일렉트론 흐름을 계속하기 위해서는, 전지 내부에서도 캐리어의 흐름이 있어 전체가 루프를 형성하지 않으면 안 된다. 전지 내에서 일렉트론이 흐르면 내부 단락이 되어 외부로 전기를 끄

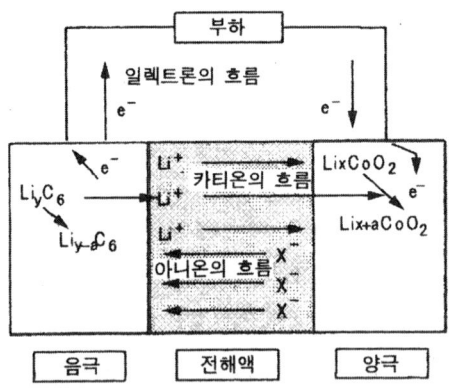

그림 1.1.1 전지의 원리(리튬이온 전지의 예)

집어내는 것이 불가능하므로, 전지 내의 캐리어는 양이온(카티온) 또는 음이온(아니온)이 이용된다.

일렉트론을 흘리게 하는 매체로서 도선이 필요한 것처럼 이온을 흘리기 위해서도 매체가 필요한데, 이것을 전해질이라고 한다. 양극, 음극, 전해질이 전지의 3요소이며, 이것은 전지 구성에 필요 불가결한 것이다. 이 외의 여러 가지 재료는 전지 내의 변환효율을 높이는 역할이나 전기를 외부로 끄집어내는 역할, 전지가 장기간 안정적으로 작동하기 위한 역할을 분담하는 것으로서, 화학에너지를 전기에너지로 변환하는 것에는 직접적인 관계가 없다.

그림 1.1.1에서는 전지의 방전 메커니즘을 살펴보았는데, 이와 같이 방전만으로 끝나서 일회용으로 버리는 전지를 일차전지라고 한다. 이에 비해 역방향의 반응도 가능하여 다 쓴 전지를 몇 번이라도 충전해서 쓸 수 있는 전지를 이차전지라고 한다.

일반적인 일차전지는 전혀 충전되지 않거나 비록 충전되더라도 충전효율이 극히 낮지만, 이차전지는 가역성이 좋은 전극재료가 선택되고 구성설계에도 충분히 배려하여 수백 회 이상의 충방전을 가능하게 하고 있다.

전지의 양극 활물질은 스스로 일렉트론으로 환원될 수 있는 화학물질이라면 무엇이든 상관없고, 또 음극 활물질은 자신이 산화되어 일렉트론을 방출할 수 있는 물질이라면 무엇이든 가능하기 때문에, 양음극의 조합은 무한하다. 그러나 현실적으로는 제5장에서 서술할 전지에 요구되는 여러 가지의 특성을 모두 충분히 만족시키는 것은 쉬운 것이 아니다.

따라서 현재까지 무수한 조합이 검토되어 당장이라도 실용화될 것 같은 발표가 많음에도 불구하고, 실용 전지로서 인지된 것은 표

표 1. 1. 1 전지의 종류와 3요소

전지계		양극	전해질	음극
일차전지	망간 건전지	MnO_2	$ZnCl_2$ 수용액	Zn
	알칼리망간 전지	MnO_2	KOH 수용액	Zn
	산화은전지	Ag_2O	KOH 수용액	Zn
	리튬망간 전지	MnO_2	유기용매 전해액	Li
	리튬불화흑연 전지	$(CF)_n$	유기용매 전해액	Li
	리튬염화티오닐 전지	$SOCl_2$	$SOCl_2$ 전해액	Li
이차전지	납 축전지	PbO_2	H_2SO_4 수용액	Pb
	니카드 축전지	NiOOH	KOH 수용액	Cd
	니켈수소 축전지	NiOOH	KOH 수용액	MH
	리튬이온 이차전지	$Li_{1-x}CoO_2$	유기용매 전해액	Li_xC_6

M : 수소 흡장 합금   MH : 수소를 흡장한 상태

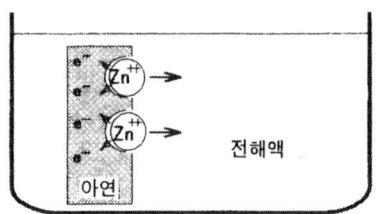

그림 1. 1. 2 아연음극의 방전

1.1.1의 것으로 한정되어 있다.

최근까지 음극 활물질로서 사용된 것은 아연(망간 건전지, 알칼리 망간 전지, 수은전지, 산화은전지), 리튬(각종 리튬 일차전지), 납 (납 축전지), 카드뮴(니카드전지) 등 모두 금속이었다. 이들 금속 음극의 반응 메커니즘은 매우 간단하여, 그림 1.1.2와 같이 아연의 경우, 금속아연 전극으로부터 아연 플러스 이온이 1개 해리되고 일 렉트론 2개가 전극 내에 남는다.

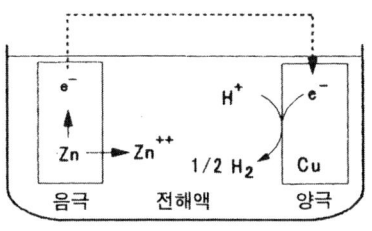

그림 1.1.3 볼타전지의 방전반응

　최근 등장한 니켈수소 축전지나 리튬이온 이차전지의 음극은 금속
만큼 단순하지는 않지만, 이것에 대해서는 각각의 전지에 관한 장에
서 상세히 설명한다.

　1800년에 최초로 발명된 볼타전지를 시작으로, 초기의 전지에서
는 양극에서도 금속이 사용되었는데, 이것은 활물질이 아닌 단지 전
극이다. 이 시대의 활물질 역할을 한 것은 물(수소이온)이다.

　그림 1.1.3과 같이 볼타전지에서는 양극은 구리이지만, 구리는
환원되지 않으므로 환원되는 것은 전해액 속의 수소이온(프로톤)이
다. 프로톤 한 개가 일렉트론을 얻어 수소원자가 되고, 수소가스를
발생한다. 수소가스가 발생하면 전극의 표면에 부착되어 반응면적이
줄어들기 때문에 전지는 곧 쓸 수 없게 된다.

　이러한 현상을 분극(Polarization)이라 한다. 분극의 경감 완화
책을 논한 것이 제2장에 나오는 다니엘전지이고 분젠전지이다. 그것
에 대한 보다 궁극적인 해결책이 루크랑세전지로, 양극으로 이산화
망간을 사용하였다.

　루크랑세는 이산화망간이 발생한 수소와 반응해서 물로 되돌린다
고 생각하여 이것을 감극제(Depolarizer)라 불렀다. 그러나 그 후
연구에 의해서 발생한 수소가 이산화망간과 반응하는 것이 아니라
그림 1.1.4처럼 프로톤과 이산화망간, 일렉트론이 직접 반응하여

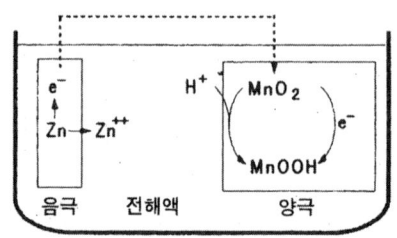

그림 1. 1. 4 이산화망간의 방전 메커니즘

일렉트론이 소비된다는 것이 알려지면서, 현재는 감극제라고는 하지 않고 양극 활물질이라 한다. 산화은, 산화수은, 옥시수산화니켈 등 도 동일하게 양극 활물질로서 쓰인다.

전해질에는 최근까지 수용액계가 사용되어 왔다. 수용액에는 반드시 캐리어 이온을 첨가해야 하지만, 제2장에 등장하는 바그다드전지에서는 과즙에 함유된 유기산이 그 역할을 한다.

볼타전지와 그 후의 대부분의 전지에서는 묽은 황산이 사용되었다. 루크랑세전지에서는 이것을 대신해서 염화암모늄이 사용되었는데, 염화암모늄의 사용은 이산화망간의 사용과 함께 루크랑세전지의 중심기술이다.

또, 현재의 망간 건전지에서는 염화아연을 사용하고 있다. 이것을 지금까지 루크랑세전지라고 하는 사람이 있었는데, 이는 착각으로서, 루크랑세전지는 염화암모늄의 시스템인 것이다. 알칼리망간 전지, 산화은전지, 니카드전지에서는 수산화칼륨을 사용한다. 최근에는 음극으로 고에너지밀도의 리튬을 사용하는 것이 나왔지만, 리튬은 물과 격렬히 반응하기 때문에 수용액은 사용할 수 없다. 그래서 용매를 사용하게 된 것이다.

프로필렌카보네이트(PC), 디메톡시에탄(DME), γ-브틸로락톤

(GBL) 등이 그 대표적 예로서, 첨가염으로는 과염소산리튬(LiClO$_4$), 붕소불화리튬(LiBF$_4$)이 일반적이다.

2. 폴리머전지란

그런데 폴리머전지란 무엇일까? 표 1.1.1처럼 종래의 전지는 몇 개의 예외가 있지만, 양극이 금속 산화물, 음극이 금속, 전해질이 수용액 또는 유기용매 용액이다. 이들 3요소 중 하나에 고분자물, 즉 폴리머를 사용하는 것을 폴리머전지라 칭하고 있다.

폴리머전지는 어디에 무엇을 사용할 것인가에 따라 그림 1.1.5에서처럼 분류된다. 그림에는 음극에 폴리머를 사용한 전지가 없지만 원리적으로는 이것도 가능하여 과거에 구체적으로 제안된 것도 있는데, 현재 화제가 된 것에는 포함되어 있지 않다.

전해질에 폴리머를 사용하는 최대의 목적은 절대로 누액이 일어나지 않게 하는 것으로서, 그 다음으로는 박형 또는 형상의 자유성을 고려한다. 한편, 양극에 폴리머를 사용하는 목적은 에너지밀도의 향상을 위해서이다.

그림의 4종류 중 등장한 순서는 별도로 하고 화제가 된 순서로는,

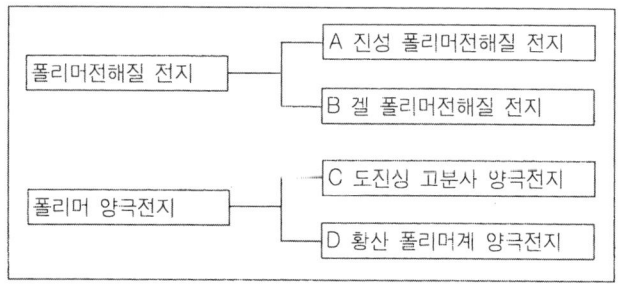

그림 1. 1. 5 폴리머전지의 종류

우선, 최초로 1980년경 C의 등장을 들 수 있다. 이것은 도전성 고분자의 이온 도핑량이 크다는 것에 착안하여 고에너지밀도 전지를 실현하려 한 것이었지만, 난관에 부딪쳐 좌절되었다.

그 후 A와 B는 전해질에 폴리머를 사용하여 전지의 박형화를 꾀하고 누액이 없는 안전성이 높은 전지를 지향한 것이었다. A는 전해질이 폴리머와 전해질염만으로 된 것이나, 이온전도도가 낮기 때문에 고온작동형 전지로서의 검토가 진행중이다. B는 A에 가소제를 첨가하여 이온전도도를 향상시킨 것으로, 상온작동형으로서 민생기기에의 사용을 눈앞에 두고 있다.

모두 처음의 제안은 1970년대 중반으로 C보다 빠르지만, 본격적으로 화제가 된 것은 1980년 후반부터 1990년대에 들어서면서라고 할 수 있다. D는 유황계 화합물의 폴리머를 양극으로 사용하는 비교적 최근 주목을 받고 있는 것으로, 확실히 현재의 전지 레벨을 크게 웃도는 에너지밀도가 전망되나, 한편 사이클특성, 부하특성, 온도특성 등 반드시 해결해야 할 문제를 많이 안고 있는 것이 현 상황이다.

제 2 장
전지의 역사와 폴리머전지

1 서구 전지의 역사

전지는 그 원리가 1800년에 볼타에 의해 발견되어, 다니엘전지(1836년), 그로브전지(1839년), 분젠전지(1841년)를 거쳐, 1868년 루크랑세에 의해 현재의 망간 건전지의 원형이 만들어졌다고 알려져 있다.

알려져 있다고 표현한 것은, 이것이 서구 역사상 사실이긴 하지만, 실제로는 보다 오래 전부터 전지는 지구상에 존재하고 있었기 때문이다. 서구의 기술사에서는 호박을 문지르면 정전기가 발생한다는 것이 2500년 전에 발견되었지만, 그때까지는 정전기를 포함하여 전기의 존재는 알려져 있지 않았었다. 이 시점에서도 '호박을 문지르면 물체가 당겨진다' 는 현상은 인정되었지만, 당시의 그리스 문명

  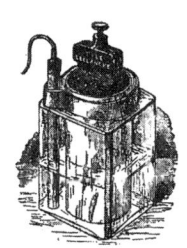

볼타전지   다니엘전지   루크랑세전지

그림 1. 2. 1 서구전지의 기원

은 머릿속의 학문일 뿐 실험·실증을 중요시 하지는 않았으므로 달라 붙는다는 것은 알고 있었지만 이것이 정전기라는 것을 인식하지는 못했다. 이 호박의 현상은 15세기까지 학자들 사이에서 말로 전해져 왔을 뿐, 그 이상의 진전은 전혀 없었다.

16세기가 되어 갈릴레오 갈릴레이에 의해 실험물리학이 발전하면서 이러한 흐름 속에서 이탈리아의 카르다노가 자석은 철만 잡아당기는 데 비해 호박은 가벼운 물건이라면 무엇이든 잡아당긴다는 것을 발견하였다.

이 때부터 겨우 정전기와 자력을 구별하여 인식하기 시작하였다. 당시 영국의 길버트의 정전기발생 가설은 「물체를 마찰시키면 에프류비아라는 미립자로 된 분위기를 주위에 방출하고, 이것이 원래의 물체로 돌아갈 때 도중에 있는 가벼운 물체를 동시에 잡아당긴다」는 것으로, Electrics라는 이름을 붙였지만, 사실상 전기를 인식한 것은 아니었다. 17세기까지 전기의 연구는 마그데부르크의 반구(半球)로 대표되는 것처럼 정전기에 한정되어 있었다.

1700년대에 들어 전기는 도전체를 통해서 흐른다거나 전기에는 플러스와 마이너스가 있다는 것이 겨우 확인되었고, 나아가 유명한 갈바니의 개구리 다리 실험에 이르르긴 했지만, 이 때에도 전기의 실태는 파악하지 못했으며, 개구리 다리가 전기를 발생한다고 생각하여 동물전기(Animal Electricity)라고 부르는 상태였다. 전기를 정말로 이해한 것은 앞서 기술한 볼타였다.

2. 중동·동양의 사정

그런데 중동·동양으로 눈을 돌리면 상황이 전혀 다르다. 1932년에 바그다드 가까이의 호얏트랏파(Khuyat Rabuha)에서 구리통

(銅筒)(28φ×100mm)의 중앙에 철봉(10φ×80mm)을 아스팔트로 고정시킨 토제용기(80φ×140mm)가 발견되었다.

이것이 전지일 것이라 생각하여 유기산(과즙)을 넣어보았더니 볼타전지와 동일하게 전압이 얻어졌다. 당시의 장식용 보석에 금도금이 입혀진 것이 있었는데, 이것이 도금의 전원으로서 사용된 것이라 생각된다.

이것이 제작된 것은 기원전이 끝날 무렵부터 기원의 초기라고 추정되고 있다. 더욱이 기원전 2000년으로 거슬러 올라가는 바빌로니아의 유적에서도, 한층 더 오래 된 이집트의 기자에 있는 스핑크스 부근의 유적에서도 동일하게 전기도금으로서 설명되는 공예품이 다량 발견되고 있다고 한다. 피라미드 내부의 공사작업은 전지를 전원으로 하는 빛이 없었다면 불가능하였다는 설을 주창하는 사람도 있다. 더욱 놀라운 것은 고대 인도의 문헌 「아가스처 삼히터」에 건전지 제조법이라고 생각할 수 밖에 없는 다음과 같은 불가사의한 문장이 있다는 것이다.

「····잘 씻어서 구리판을 용기에 넣어 우선 황산구리로 덮은 다음 젖은 톱밥을 씌운다. 그 톱밥 위에 분극작용을 막기 위해서 아말감화한 아연판을 얹는다. 그것이 접촉하게 되면 미트라와 바루나라는 두 개의 이름으로 알려진 유동에너지가 만들어진다. 물은 이 흐름에 의해서 플라나바유와 우나다바유로 분열한다. 이 용기를 100개 합쳐서 하면 극적으로 강력한 효과를 발휘한다고 되어 있다····」 이것은 南原宏가 지은 「침묵의 대륙」(하습연구사)이라는 책에서 빌려 쓴 것으로, 필자는 원문으로 읽은 것이 아니며 또한 원문을 볼 기회가 있다 하더라도 전혀 이해할 수 없기 때문에 이것을 믿을 수밖에 없지만, 이 번역이 정확하다면 전지라는 것은 틀림없을 것이다.

고대에 알려져 있던 원소는 9종류밖에 없었는데, 그 안에는 철과 구리가 포함되어 있다. 따라서 바그다드전지는 확실히 성립한다. 실제로 실물이 발굴되어 있으니 믿을 만하다.

그러나 9종류의 원소 안에 수은은 포함되어 있지만 아연은 포함되어 있지 않다. 인용한 문장이 오역일까? 아니면 서구에서 알려지지 않았던 아연이 동양에서는 사용되었던 것일까?

그 질문은 나중에 생각하기로 하자. 인도전지를 상상해서 그리면 그림 1.2.2가 된다. 놀랍게도 이것은 다니엘전지와 같다. 아니, 톱밥과 아말감을 사용하고 있는 점은 다니엘전지보다 앞서 있다. 이것이 사실이라면 동양의 문명은 그야말로 굉장한 것이다.

3. 휴대용 전지의 등장

인도전지나 바그다드전지 또는 루크랑세전지는 그림 1.2.1과 그림 1.2.2에서 볼 수 있는 것처럼 용기에 액체가 "철벅철벅"하게 들

표 1.2.1 18세기까지 발견된 원소

고 대 :	Au Ag Cu Fe Pb Sn Hg S C	9종류
중 세 :	As Sb Bi	3종류
16세기 :	Pt	1종류
17세기 :	Zn P	2종류
18세기 :	Co Ni H O N Cl Mn Mo W U	
	Zr Tl Y Cr Be	15종류

(출전 : 和泉修, 金屬間化合物, 産業圖書, 1988)

어있는 습전지이다. 습전지라고 말하는 것보다 액체가 "철벅한" 전지라고 하는 것이 정확할 것이다.

이것은 한 곳에 고정해 두는 전지로 사용할 수는 있어도 휴대용은 될 수 없다. 휴대용으로 하기 위해서는 루크랑세전지의 액체를 고정화하는 작업이 필요하다. 특이하게도 1888년 같은 시기에 일본의 屋井先藏과 독일의 가스너, 덴마크의 헤레센에 의해 각각 완성되어, 건전지라고 불리게 되었다. 지금으로부터 110년 전에 전지를 휴대전원으로서 사용하게 되었던 것이다.

건전지라고는 하지만, 물이 없어진 것은 아니다. 망간 건전지의 아연 캔 내부에 있는 양극합제 30% 이상이 물이다. 단, 간단히 유동하지 않도록 연구되어 있는 정도이다.

즉, 사용법에 따라 액이 외부로 흘러나와 피해를 주는, 이른바 「누액」이 일어난다. 이는 현재의 모든 전지에 공통된 것으로 전지전문가의 최대 고민이었으며, 액이 없어 절대로 누액하지 않는 전지의 실

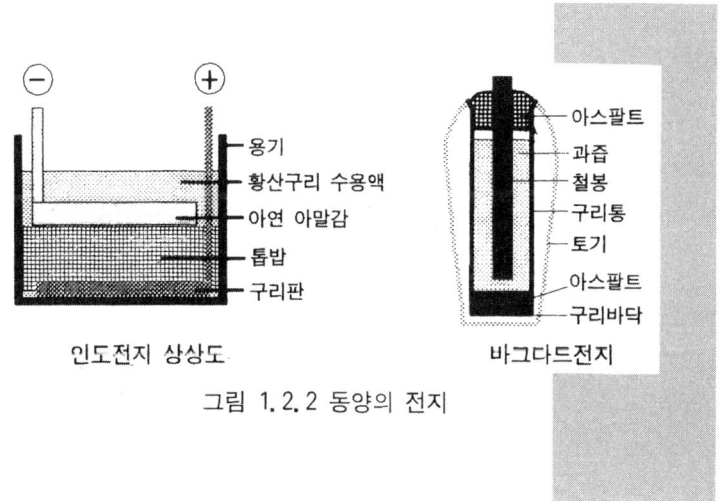

인도전지 상상도

바그다드전지

그림 1. 2. 2 동양의 전지

현이 절망적이었다. 그러나 지금 폴리머전지의 출현에 의해 이 오래된 꿈이 실현되려 하고 있다.

그런데 휴대용 전지는 전쟁 전, 즉 50년 전까지는 망간 건전지뿐이었으나, 제2차 세계대전의 군용으로 개발되었던 전지가 전후 차례로 상품화 되었다. 알칼리망간 전지, 수은전지, 산화은전지 등이 대표적이며, 한발 더 나아가 군용 또는 우주개발용 전원으로 미국에서 검토중이던 리튬을 음극으로 하는 전지군이 30여년 전 일본에서 민생용에 적합한 형태로 개량되어 실용화되었다.

최근 10년간 리튬전지는 그 고용량밀도와 뛰어난 장기보존 안전성 때문에 급격히 성장하고 있다.

이차전지의 경우, 전쟁 전까지는 납 축전지 이외의 것은 볼 수 없었고, 비록 휴대용 민생기기용 전원으로는 인연이 없었지만 전쟁 얼마 후에는 노이만의 발명에 의해 과충전이나 과방전을 해도 가스가 축적되지 않는 기술이 확립되었다.

따라서 니카드전지가 이차전지로서는 처음으로 휴대용 전원의 일부가 되어, 20여년 전부터 급속히 확대되어 왔다. 이것이 호평을 얻

그림 1.2.3 전지발명의 계보

은 것에 자극 받아 휴대용 이차전지의 개발이 활발히 이루어졌고, 1990년 전후에 니켈수소 축전지(MH 전지)와 리튬이온 이차전지가 차례로 등장하여 현재는 눈부신 성장을 하고 있다. 이것들의 연대별 추이의 개략은 그림 1.2.3에 나타내었다.

제❸장
고체전해질 전지에서 폴리머전해질 전지로의 흐름

여러 가지 종류의 휴대용 전지가 완성되어 지금은 휴대용 전기·전자기기의 시대를 구가하고 있지만, 현재 안고 있는 최대의 고민 중 하나는 액체전해질을 사용하고 있는 이상 피할 수 없는 누액현상이다. 이것은 전지가 항상 안고 온 문제였는데, 고가의 전자기기가 많아진 지금 고민이 한층 심각해졌다.

만약 전해질에 수용액계나 유기용액계 대신 고체가 사용된다면 다음과 같은 장점이 기대되며, 고체전해질 전지의 꿈은 1950년대에 이미 화제가 되어 있었다.

① 절대로 누액이 없다.

② 전지의 소형 박형화가 가능하다.

③ 물의 분해전압에 지배받지 않고, 높은 전압의 전지가 가능하게 된다.

④ 자기 방전이 작고, 높은 신뢰성의 전지를 얻을 수 있다.

⑤ 넓은 온도범위에서의 작동이 가능하게 된다.

그런데 이온이 고체 내부를 흐른다는 것은 꿈같은 이야기지만, 온도가 높은 상태에서는 충분히 흐를 수 있다.

예를 들어 요오드화은(AgI)이라는 화합물은 수백 ℃의 온도에서는 α형 구조를 가져 황산 수용액과 같은 레벨의 $10^0 S/cm$의 이온전도도를 보인다. 그러나 147℃에서는 상전이를 일으켜 β형으로 된다. 그러면 이온전도도는 극단적으로 저하하여 실온에서는 10^{-7} S/cm 정도로 이온이 거의 흐르지 않게 된다. 따라서 상온형 전지는 될 수 없지만, 이러한 α형과 유사한 구조를 상온에서 유지하는 재료가 있다면 상온에서 사용 가능할 것이다.

연구 결과, 우선 요오드화은에 황을 넣은 Ag_3SI라는 화합물이 발견되어, 상온에서 10^{-2} S/cm로 우수한 이온전도성을 나타내었다. 이것에 용기를 얻어 새로운 재료가 차례로 발견되었는데, 그 중에서 가장 이온전도도가 우수했던 것은 루비듐과의 화합물인 $RbAg_4I_5$로서 10^{-1} S/cm대가 얻어졌다.

이 이온전도도는 망간 건전지 전해액의 이온전도도에 상당하는 것으로, 전도도면에서 보면 고체전해질 전지의 실현이 충분히 가능하다. 그러나 이 전해질은 은이온을 움직이는 것이기 때문에 반드시 은을 음극으로 해야 하는데, 은의 전위를 생각하면 전지로서 0.6V 정도밖에 되지 않는다.

따라서 애석하게도 실용전지로는 될 수 없었다.

1970년대에 리튬 일차전지가 상품화되는 시대를 맞이하여 고체전해질도 리튬이온 전도체의 연구시대에 들어갔다. 리튬이온 전도체를 사용하여 리튬 음극을 사용하면 전지전압은 3V 내외가 얻어지지만, 이온전도도면에서 보면 만족할 만한 것이 발견되지 않았다.

질화리튬(Li_3N)이 10^{-3} S/cm의 뛰어난 이온도전성을 보여 한때 흥분이 고조되기도 하였지만, 애석하게도 이 화합물은 분해전압이 0.4V로 낮아 리튬전지로는 사용할 수 없다는 것을 알게 되었다. 이온전도도가 불충분하면서도 일단 전지로 완성시킨 것은 표 1.3.1의 두 종류이다.

이것들은 전해질의 이온전도도가 낮아 일반 전지에는 사용될 수

표 1.3.1 실용화된 고체전해질 전지

	전 지 계	전압 (V)	전해질 이온전도도 (S/cm)
1	Li/LiI/P2VP·I$_2$	2.8	1×10^{-8}
2	Li/LiI(Al$_2$O$_3$)/PbI, PbS	1.9	1.2×10^{-5}

없지만, 미국에서는 당시 체내에 매설하여 사용하는 심장의 페이스 메이커의 용도가 약간 있었기 때문에, 그 전원으로서 사용되었다. 페이스 메이커는 체내에서 사용되기 때문에 주위온도가 항상 약 37℃ 인 안정상태이다.

또, 사용시간은 수년에서 10년이므로, 3Ah의 전지를 50000시간 이상 걸려서 방전하는 것이 된다. 즉, C/50000레이트이므로, 10^{-7} S/cm의 이온전도도에서 충분히 작동할 수 있다. 전류의 절대값에서는 20μA 정도이다. 연간 10만 개 정도가 사용되고 있다고 한다. 두 종류 중 No.1이 폴리머전지와 밀접한 관계를 가진 흥미로운 전지이므로, 조금 상세히 설명해 보자. 전지의 3요소 구성은 그

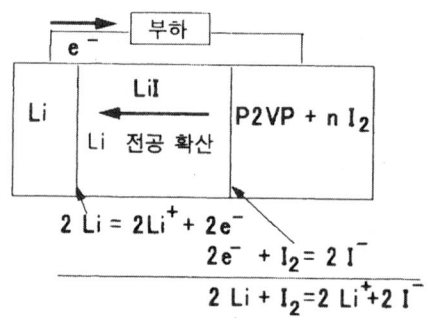

그림 1.3.1 폴리-2-비닐피리딘 전지의 구성

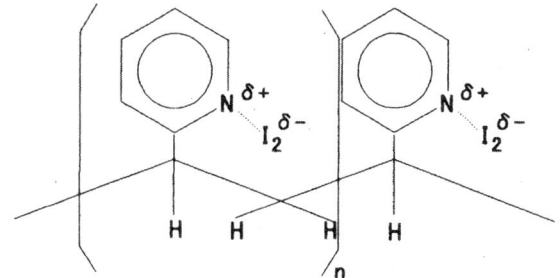

그림 1.3.2 폴리-2-비닐피리딘의 구조

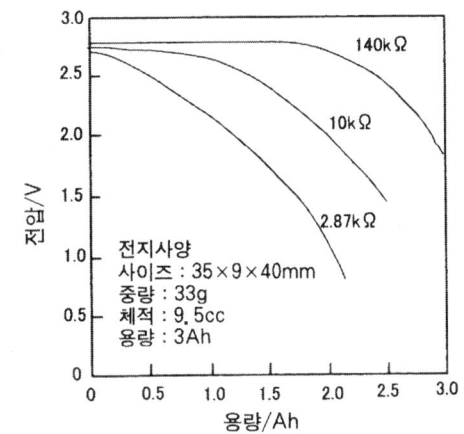

그림 1.3.3 폴리-2-비닐피리딘 전지의 방전특성

림 1.3.1과 같은데, 음극은 금속리튬, 양극은 폴리-2-비닐피리딘의 요오드 착체이며, 전해질은 요오드화리튬이다. 폴리-2-비닐피리딘은 그림 1.3.2 구조로 요오드를 배위시킨 착체의 유기고분자이다.

방전하면 배위된 요오드가 떨어져 전해질과의 계면에서 환원되어 요오드이온이 되고, 한편 음극의 리튬은 산화하여 리튬이온이 된 후, 이 양자가 결합하여 새로운 고체전해질을 형성한다.

착체의 전도도는 요오드의 배위량에 따라 변동하지만, 약 10^{-3} S/cm의 양호한 전도도 범위가 사용된다. 전지의 구조는 체내에 집어넣을 것을 고려하여 반원형이며, 내부구조는 꽤 복잡하다. 봉지는 하메틱실로 되어 있다. 그림 1.3.3에 방전곡선을 나타내었다. 전류가 클 때는 방전에 따른 내부 저항의 상승으로 전압이 저하하지만, 실용 레벨의 $140k\Omega$에서는 상당히 평탄한 방전곡선이 된다.

폴리-2-비닐피리딘은 유기폴리머이므로, 실용화된 폴리머 양극 활물질의 제1호이다. 더구나 전해질 역시 고체로서, 그야말로 전 고체전지의 제1호이고, 20년이 지난 지금도 귀중한 페이스 메이커용 전원으로서 계속해서 사용되고 있다.

이와 같은 예로서, 무기계 고체전해질은 결국 널리 보급되지는 못하고, 고체전해질 전지에 대한 집념이 열매 맺은 것은 폴리머계 고체 전해질로, 실용화로의 커다란 일보를 내딛으려 하고 있다. 그 상황에 대해서는 별도의 장에서 상세히 소개한다.

제4장
약진하는 전지산업

전지산업은 100년 이상을 지내오면서 착실히 성장해 왔다. 그 중에서 1960년 이후 약 20년간은 제1차 전지혁명의 시대로, 이 기간 중에 종래의 망간 건전지와 납 축전지의 시대를 탈피하여, 알칼리망간 전지, 수은전지, 산화은전지, 각종 리튬전지의 일차전지와 니카드전지의 시대를 맞이하였다. 알칼리망간 전지는 기기 소비전력 증대에 대처한 것이고, 수은전지와 산화은전지는 소형 전자기기의 보급에 의한 것으로, 특히 산화은전지는 손목시계의 쿼츠화에 큰 역할을 하였다.

수은전지는 작동전압이 안정된 하이테크 전지로서 일대를 풍미하였지만, 환경문제 때문에 지금은 그 모습을 감추었다. 리튬 일차전지는 메모리 백업 용도인 코인형 전지가 메인이었지만, 10여년 전부터 전자동 카메라용 전원으로서 외관은 원통형이며, 내부구조는 박막전지의 감은 형태의 것이 보급되어 커다란 시장을 형성하고 있다.

10여년 전부터 제2차 전지혁명이 시작되어, 니켈수소 축전지와 리튬이온 이차전지가 참가하였다. 이제까지 휴대전지는 일차전지로 시세가 결정되었지만, 지금은 크게 변해 완전히 이차전지 주도형이 되었다.

1980년 이래 일본의 전지 총 생산금액의 추이를 그림 1.4.1에 나타내었다. 이차전지는 자동차용을 주로 한 특수분야의 납 축전지와 일차전지와 같이 휴대기기에 사용되는 소형 충전식 전지로 나뉘어진다.

1980년에는 일차전지와 이차전지의 비율이 거의 1 대 2였지만, 최근에는 1 대 3으로 이차전지의 신장이 현저한 것을 알 수 있다. 특히 충전식 전지의 신장은 눈부신데, 1993~1994년에 일차전지와 어깨를 나란히 했고 1997년에는 일차전지의 3배에 달하고 있다.

그림 1.4.2에 이차전지 중 납 축전지를 뺀 종류별 수량추이를 나타내었다. 최근 10년간 3배의 신장을 이루고 있다. 1980년대부터 1992년까지는 니카드전지의 독무대이었지만, 1990년대부터 같은 계통의 니켈수소 축전지(MH 전지)가 생산되기 시작하면서, 가격은 비싸지만 에너지밀도가 높아 니카드전지 시장을 잠식해 갔다.

니카드전지가 감소하는 반면 MH 전지는 급증하여, 1995~1997년에는 니카드전지의 절반까지 도달하였다. MH 전지의 전압이 니카드전지와 같은 1.2V라는 것이 이러한 변화를 가속시켰다.

다음으로, 1991년부터 리튬이온 이차전지의 생산이 시작되었다. 이 전지는 니카드전지나 MH 전지와 달리 3.6V계 전지로서, 그것들과 호환성이 없다는 것은 불리하지만 에너지밀도가 한층 높고 경량이어서 급속히 성장하였다.

그림 1.4.3에 나타낸 것처럼, 금액추이는 수량추이보다 한층 더 급격한 변화를 보이고 있다. 아직 생산개시 이래 수년밖에 지나지 않은 리튬이온 전지와 MH 전지의 신장은 눈이 부실 정도이며, 1997년에는 전자가 충전식 전지의 44%, 후자가 26%를 차지하였다.

이와 같이 신규 잠입한 리튬이온 전지와 MH 전지가 급격히 신장되고 있는 이유는 무엇일까? 두 종류 전지의 용도별 셰어를 그림 1.4.4에 나타내었다. MH 전지는 휴대전화기와 PC의 두 가지 용도

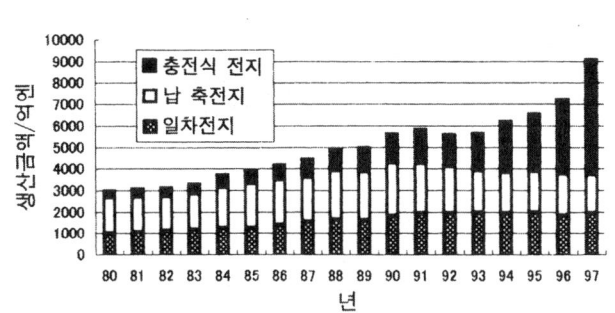

그림 1. 4. 1 일본의 전지 생산금액 추이

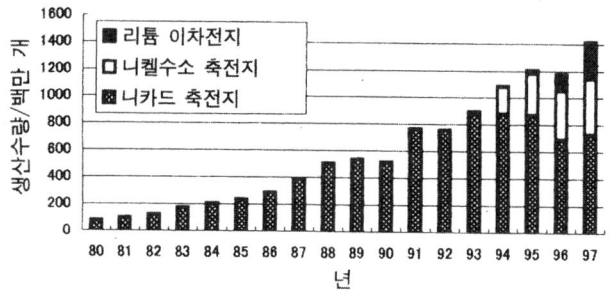

그림 1. 4. 2 소형 이차전지의 생산수량 추이

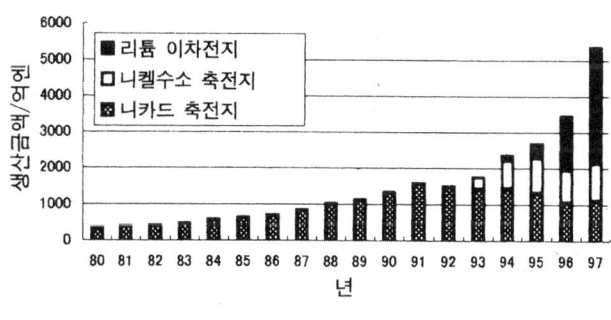

그림 1. 4. 3 소형 이차전지의 생산금액 추이

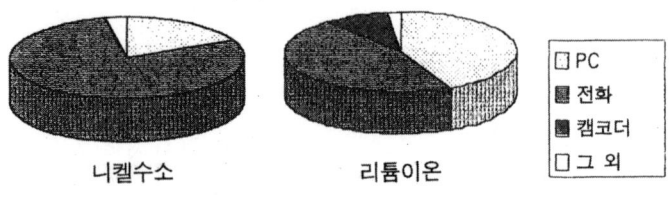

니켈수소   리튬이온

- ☐ PC
- ▨ 전화
- ▧ 캠코더
- ☐ 그 외

그림 1. 4. 4 신형 전지의 용도별 셰어

이고, 리튬이온 전지는 이것에 캠코더를 더한 것이 압도적인 셰어를
차지하고 있다.

　휴대전화(Cellular), PC(Computer), 캠코더(Camcoder)를
3C 기기라고 한다. 일본 전지산업의 최대 발전은 3C 기기의 급격
한 보급에 따른 소형 이차전지의 신장에 의한 것이다. 또한 3C에 코
드리스(Codeless) 기기를 더한 4C 기기라고 말하는 경우도 있는
데, 이 최후의 보루는 현재 니카드전지의 아성이지만, 최근에는 그
시장도 위협받고 있는 것 같다.

제5장
전지에 요구되는 특성

제2편에서 설명할 폴리머전지의 가치를 판단하는 기준을 알기 위해 몇 장에 걸쳐 전지의 기본적 사항에 대해서 설명하고자 한다.

전지는 미소전류부터 대전류까지, 또 수시간에 다 써버리는 용도부터 수년 단위로 사용되는 것까지 여러 가지 사용법이 있기 때문에, 전지에 대한 요구 특성도 그 사용법에 따라 다르다. 그 중에서 비교적 통용되는 사항은 표 1.5.1에 나타내었다.

전지는 에너지원이므로 가장 중요한 것은 당연히 에너지량이다. 전기의 에너지량은 와트시(Wh)로 표시되어, 이것은 전압(V)과 용량(Ah)의 곱(Wh=V×Ah)으로 구한다.

전지를 크게 하면 에너지량도 증가하므로, 일반적으로 에너지량은 절대적인 양이 아닌 단위 체적당(Wh/l) 또는 단위 중량당(Wh/kg)의 에너지밀도로 표시된다. 단위 체적당 에너지밀도가 크면 기기를 가볍게 할 수 있다.

이 중 어느 것이 중요한가는 기기에 따라 다르다. 설치용 기기에서는 중량보다 체적이 중요하다. 휴대기기에 있어서 중량은 어떻게 하든 가벼우므로 중량보다는 우선 체적이지만, 휴대용이라도 PC에서는 전지의 중량이 상당한 비중을 차지하므로 경량화를 중요시한다.

에너지밀도 : 최종적으로 사용되는 휴대용 단전지 또는 팩 전지의

표 1.5.1 전지에 요구되는 특성

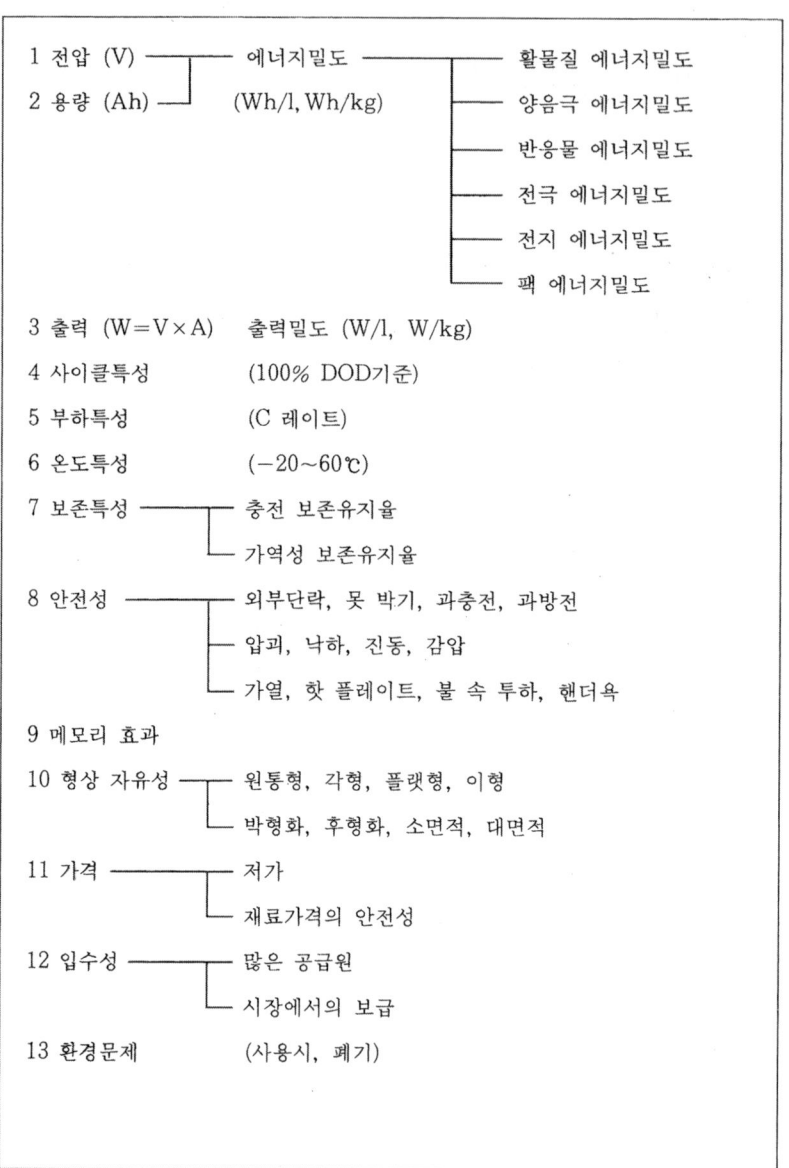

1 전압 (V) ┐── 에너지밀도 ──┬── 활물질 에너지밀도
2 용량 (Ah) ┘   (Wh/l, Wh/kg) ├── 양음극 에너지밀도
                              ├── 반응물 에너지밀도
                              ├── 전극 에너지밀도
                              ├── 전지 에너지밀도
                              └── 팩 에너지밀도

3 출력 (W=V×A)   출력밀도 (W/l, W/kg)

4 사이클특성   (100% DOD기준)

5 부하특성   (C 레이트)

6 온도특성   (−20~60℃)

7 보존특성 ──┬── 충전 보존유지율
            └── 가역성 보존유지율

8 안전성 ──┬── 외부단락, 못 박기, 과충전, 과방전
          ├── 압괴, 낙하, 진동, 감압
          └── 가열, 핫 플레이트, 불 속 투하, 핸더욕

9 메모리 효과

10 형상 자유성 ──┬── 원통형, 각형, 플랫형, 이형
                └── 박형화, 후형화, 소면적, 대면적

11 가격 ──┬── 저가
         └── 재료가격의 안전성

12 입수성 ──┬── 많은 공급원
           └── 시장에서의 보급

13 환경문제   (사용시, 폐기)

시점에서 평가되는 것이지만, 그 중간과정의 여러 가지 단계에서 에너지밀도가 표시되는 경우가 있기 때문에 어느 에너지밀도에 대한 값인지 주의할 필요가 있다.

활물질 에너지밀도 : 활물질만의 에너지밀도에서 리튬이온 전지의 양극은 137Ah/kg, 음극은 372Ah/kg으로, 합계하여 전압을 곱하면 양음극 에너지밀도는 360Wh/kg이 된다.

반응물 에너지밀도 : 전해액 등이 반응에 관여하는 경우에는 반드시 이것을 계산에 넣어야 한다. 니카드전지의 경우 양음극 에너지밀도는 217.4Wh/kg이지만, 방전에는 물도 관여하므로 이것을 포함하면 193.9Wh/kg으로 약 10% 저하한다.

전극 에너지밀도 : 반응물 이외에 전극에는 도전조제, 바인더, 전해액, 집전체가 필요하며, 필요량은 활물질의 종류에 따라 달라진다.

전지 에너지밀도 : 단전지로서의 에너지밀도이다. 전극 에너지밀도로부터 세퍼레이터, 용기, 뚜껑, 전지내 공간, 외장재 양에 따른 손실을 뺀 것으로, 리튬이온 전지에서는 100Wh/kg 정도로 양음극 에너지밀도의 1/3 이하까지 저하한다.

따라서 전극재료의 선정도 중요하지만, 본래 설계의 용이함과 설계기술이 중요한 요인이다. 전지 에너지밀도는 전지 형상에 크게 지배를 받는다. 따라서 형상이 크게 다른 것에 대해 에너지밀도를 비교하는 것은 넌센스이다.

팩 에너지밀도 : 예를 들어 원통형의 리튬이온 전지를 각형으로 팩하면 중량 에너지밀도는 그다지 변하지 않지만, 체적 에너지밀도는 약 3/4으로 저하한다.

출력 : 한 순간에 얼마나 많은 전력을 끄집어 낼 수 있는지를 보는 것으로, 일정 전류를 사용하는 기기에서는 문제가 없지만, 전기자동차의 발진, PC의 드라이브 구동, 휴대전화에서의 펄스 발신에서는 중요하다.

사이클특성 : 이것은 이차전지 특유의 요구조건인데, 이차전지라고 하기 위해서는 적어도 300회, 바람직하게는 1000회의 사이클이어야 한다.

여기서 100% DOD 기준으로 한다는 것은 100%의 방전밀도(Depth of Discharge=DOD)에서의 실험으로 이 횟수가 요구되는 것으로, 때로는 10% DOD라든지 5% DOD로 1000회나 10000회로 발표되는 것이 있지만, 이것으로는 실제의 사이클특성은 알 수 없다. 10% DOD로 10000회일지라도 100% DOD로 바꾸면 100회도 견딜 수 없는 것이 흔히 있다.

부하특성 : 전류를 크게 했을 경우에 기준 용량의 몇 %를 끄집어 낼 수 있을지를 평가하는 것이다. C 레이트라고 하는 것은 전지의 크기에 관계 없이 전류의 상대적 크기를 알기 위한 기준으로, 전지의 용량을 1시간에 방전하는 전류를 1C 방전, 10시간에 방전하는 것을 0.1C 방전이라 한다.

보통 전지는 0.1C부터 1C의 범위에서 방전되는 것이 많으므로, 특히 1C 방전특성이 중요시 된다. 일반적으로 이차전지에서는 1C 레이트에서 방전하여 90% 이상 100% 가까이의 특성을 나타내지만, 일차전지는 알칼리망간 전지에서도 1C 방전에서는 20% 전후의 용량밖에 얻을 수 없다.

온도특성 : 일본을 시작으로 선진국에서는 사용온도가 대략 $-20℃$

에서 +60℃까지 변화한다. 따라서 이 온도범위에서 사용할 수 있는지가 중요한 관건이다.

보존특성 : 전지를 충전해서 장기간 보존한 후 100% 충전 중에서 몇 %의 용량을 끄집어 낼 수 있을지를 알아보는 것이 보존특성이다. 현재의 이차전지는 모두 충전 보존특성이 좋지 않으므로 사용 직전에 충전하는 것이 바람직하다.

장기 보존한 후에 재충전이 어느 정도 가능한지를 나타내는 것이 가역성 보존율로서, 이 특성이 나쁘면 사용하지 않더라도 1~2년 후에는 용량이 크게 저하되므로 중요한 문제이다.

안전성 : 전지는 에너지의 덩어리이므로 늘 안전에 주의해야 한다. 특히 이차전지는 충전과정이 있고 사용기간이 장기간이기 때문에 더욱 중요하다. 일본의 경우, 1단계에서는 사용에 관한 문제, 2단계에서는 물리적 영향에 관한 문제, 3단계에서는 그 외의 항목을 기재하여, 이것에 대한 시험방법을 전지공업회 기준이나 UL 규칙에 정해두었다.

메모리 효과 : 대전류방전에서 전지를 용량의 도중까지 반복해서 사용하면, 전지가 그 방전 깊이를 기억하여, 거기까지 방전하면 전지 전압이 저하해 버리는 번거로운 문제가 발생한다. 이러한 현상은 니카드전지에서 가장 현저히 나타나고 니켈수소 전지도 그러한 경향이 있지만, 리튬이온 전지에서는 일어나지 않는다.

형상 자유성 : 기기의 경박단소화가 진행되는 동안 극히 중요한 항목으로서, 박형화와 면적이 자유롭게 설정될 수 있도록 요구되고 있다. 현재 일차전지에서는 손목시계나 메모리 백업용으로 1mm로부터 수 mm 두께의 박형화가 예상되고 있지만, 대면적화는 곤란하다.

이차전지에서는 안전설계 기준의 제약으로부터 원통형 $10mm\,\phi$, 각형으로는 6mm 두께가 한계이다. 대면적화는 일차전지 이상에서는 어려운 상황이다.

입수성 : 기기 메이커의 입장으로 복수의, 가능하다면 세계에서 다섯 개 회사 정도의 제조 공급이 요구된다. 사용자의 입장에서는 시장에서 간단히 교환품을 살 수 있는 것이 요구된다.

가격, 환경문제 : 이것은 굳이 설명이 필요하지 않을 것이다.

제 6 장

전해질의 이온전도도와 사용전류

앞 장의 필요 특성 중에서 부하특성에 대해 설명한다.

예를 들어, 손목시계는 수년에 걸쳐 작동해야 하므로 5년이라 하면 약 4만 시간의 방전이며, 부하율은 C/40000이 된다. 일차전지의 용도에는 이와 같은 예도 있지만, 이차전지의 경우에는 일반적으로 일차전지가 비경제적이어서 이차전지를 사용하는 케이스가 많으므로 부하율은 0.1C∼1C의 용도가 일반적이다.

전지의 움직임에는 이온의 흐름이 필요불가결한데, 이온을 흐를 수 있게 하는 것이 전해질이다.

전해질에는 여러 가지 종류가 있는데, 그 중 전지의 오랜 역사 속에서 항상 사용되어 온 것이 수용액계 전해질이다.

최근까지의 대표적 전지는 납 축전지, 망간 건전지, 알칼리망간 전지이지만, 납 축전지는 황산(H_2SO_4) 수용액, 즉 묽은 황산을, 망간 건전지는 염화아연($ZnCl_2$) 수용액을, 그리고 알칼리망간 전지, 산화은전지, 니카드 축전지, MH 축전지는 수산화칼륨(KOH) 수용액을 사용하고 있다.

수용액계 전해질의 이온전도도는 $10^0 \sim 10^{-1}$ S/cm의 범위에 있다. S/cm는 SI단위계의 기호로서, S(지멘스)는 간단히 말하면 우리들에게 익숙한 Ω의 역수이다.

따라서 10^{-1} S/cm는 $1cm^3$에서 10Ω이 된다. 0.1mm의 두께

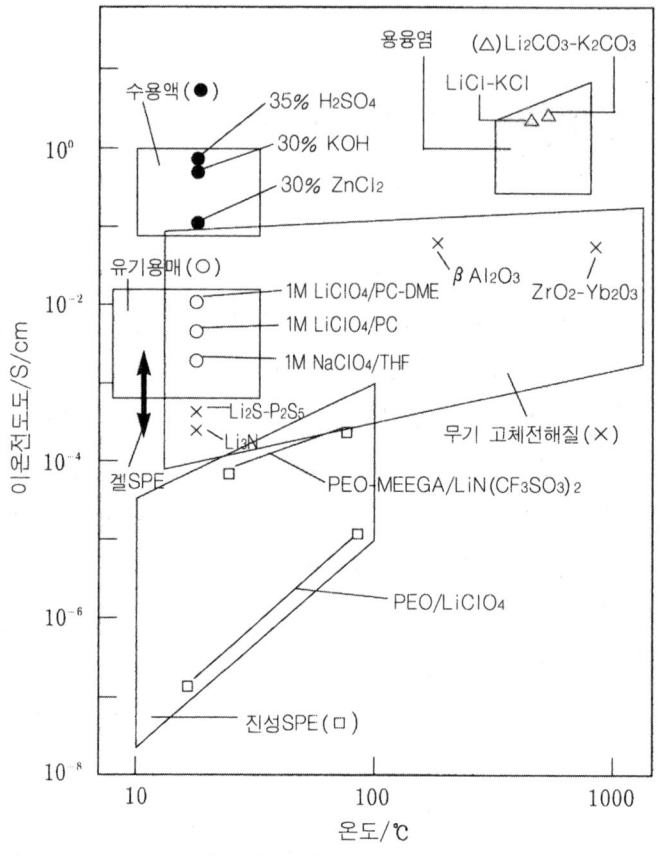

그림 1.6.1 각종 전해질의 이온전도도

로 하면 0.1Ω이 되고, 여기에 비교적 커다란 전류밀도인 5mA/cm²를 흘려도 내부저항에 의한 전압 저하는 겨우 0.5mV로서, 사용에는 전혀 지장이 없다. 원래 망간 건전지나 알칼리망간 전지는 말하자면 원통형 구조로서 세퍼레이터의 면적이 작고 흐리는 전류가 100mA/cm²를 넘으므로, 전압 강하는 10mV~100mV에 달한다.

25년 전쯤부터 높은 에너지밀도와 장기 신뢰성에 장점이 있는 리튬전지가 실용화 단계에 있지만, 리튬은 물과 격렬히 반응하기 때문에 수용액계 전해질을 사용하는 것은 불가능하다. 그래서 리튬전지에서는 비수계 전해질이 사용된다.

비수계로는 무기재료도 있지만, 유기용매가 일반적으로 프로필렌카보네이트(PC)나 디메톡시에탄(DME)에 과염소산리튬($LiClO_4$)을 지지염으로 첨가한다.

이온전도도는 $10^{-2} \sim 10^{-3} S/cm$이므로, 두께 0.1mm, 5mA/$cm^2$의 경우 50mV의 전압이 강하하므로, 이 정도 크기의 전류라도 충분히 사용할 수 있다.

이상이 용액계 전해질이나, 이 외에 고체전해질과 용융염 전해질이 있다. 고체전해질은 고체 안에서 이온을 이동시키는 것이다. 고체 중에서도 고온일 때 이온이 충분히 움직이는 재료가 많이 있다. 가장 유명한 것이 베타 알루미나(β-Al_2O_3)로, 이 재료는 고온형의 나트륨유황 전지에서의 사용이 검토되고 있는데, 나트륨유황 전지의 작동온도는 350℃로, $10^{-1} S/cm$ 이상의 이온전도도가 있다.

상온에서 사용하는 무기 고체전해질 재료도 있다. 은이온이나 구리이온용의 고체전해질로서는 $10^{-1} S/cm$를 나타내는 뛰어난 이온전도체가 있지만, 리튬이온을 움직이는 재료로서 전지에 사용 가능한 것은 상온에서 $10^{-5} S/cm$대에 머물러 있다.

이 책의 주제인 폴리머에도 이온전도성을 보이는 것이 있다. 폴리머와 전해질염만으로 구성된 것을 진성 폴리머전해질이라고 하는데, 이것은 최고 $10^{-5} S/cm$로서 뛰어난 이온전도도를 얻지는 못한다. 그러나 이것에 유기용매 등을 가소제로서 첨가한 겔 폴리머전해질에는 $10^{-3} S/cm$ 이상의 이온전도도를 가진 것도 있다.

또 하나의 전해질은 용융염 전해질로서, 예를 들어 염화리튬과 염화칼륨을 500℃ 부근에서 용융시켜 리튬이온을 움직이는 것이다. 극히 높은 온도이지만, 10^0 S/cm인 뛰어난 이온전도체이다.

제 7 장
이차전지의 현재

바로 10년 전까지는 휴대기기용 소형 이차전지라고 하면 니카드
전지밖에 없었지만, 최근 10년 사이에 MH 전지와 리튬이온 전지가
여기에 가세했다. 이 세 종류 전지의 특성을 비교하여 표 1.7.1에
나타내었다.

표 1.7.1 각종 이차전지의 비교(단3형 기준)

			니카드전지	MH 전지	리튬이온 전지
구성	양극		NiOOH	NiOOH	$Li_{1-x}CoO_2$
	음극		Cd	MH	Li_xC_6
	전해액		KOH 수용액	KOH 수용액	유기용매 전해액
전기특성	전압	(V)	1.2	1.2	3.6
	용량	(mAh)	600	1250	500
	중량	(g)	23	25	19
	에너지밀도	(Wh/kg)	31	60	95
		(Wh/l)	86	180	217
	사이클	(회)	>500	>500	>500
	부하특성(1C/0.2C)		100	95	90
	특성(-10℃, 0.5C)		95	90	90
안전등	과충전 안전성		○	○	×
	과방전 안전성		○	○	△
	각종 안전성		○	○	△
	메모리 효과		×	△	○
	폐기환경문제		×	○	○

니카드전지를 대신할 새로운 전지가 보급된 가장 큰 이유는 에너지밀도 때문이다. 니카드전지의 600mAh에 비해서 MH 전지는 2배인 1250mAh이다. 전압은 같으므로, 에너지밀도는 배가 된다. 리튬이온 전지의 용량은 500mAh로서 MH 전지보다 낮고 니카드전지와 같은 정도이지만, 전압이 3배인 3.6V이기 때문에 에너지밀도는 니카드전지의 3배, MH 전지의 1.5배가 된다. 기기의 휴대성을 높이기 위해 커다란 에너지밀도는 절대조건이다.

사이클특성, 부하특성, 온도특성은 한층 더 엄격한 조건에서 차이가 나는데, 3C 기기에 필요한 표의 정도의 조건에서는 어느 것이나 충분한 특성이 얻어지므로 커다란 차이가 없다.

안전성에 대해서는 단락, 못 찌름, 압력파괴, 낙하, 진동, 감압, 가열 등에 있어서 리튬이온 전지가 다른 두 종류의 전지에 비해서 약간의 문제점이 있으나, 커다란 결점은 되지 않는다. 리튬이온 전지의 커다란 문제점은 과충전특성이다.

과충전에 대해서 우선 니카드전지를 살펴보자. 니카드전지의 충방전 반응은 식(1.7.1) 및 (1.7.2)로 되어 있다.

$$\text{양극} \quad Ni(OH)_2 + OH^- \underset{\text{방전}}{\overset{\text{충전}}{\rightleftarrows}} NiOOH + H_2O + e^- \quad (1.7.1)$$

$$\text{음극} \quad Cd(OH)_2 + 2e^- \underset{\text{방전}}{\overset{\text{충전}}{\rightleftarrows}} Cd + 2OH^- \quad (1.7.2)$$

충전이 100% 완료되어 양극에서 $Ni(OH)_2$가 없어지면 물의 분해반응으로 산소가스(O_2)가 발생하고, 음극에서 $Cd(OH)_2$가 없어지면 수소가스(H_2)가 발생하여 전지의 내압이 상승된 위험한 상태가 된다. 그러나 니카드전지는 이 문제를 훌륭히 해결하고 있다.

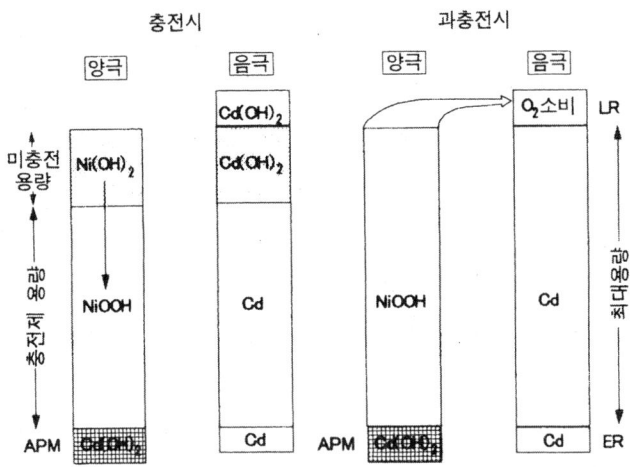

그림 1. 7. 1 니카드전지의 과충전·과방전 대책

그림 1.7.1은 니카드전지의 전극 구성을 나타낸 것이다. 양극의 양은 음극보다 적게 충진되어, 전지는 양극 규제로 된다. 따라서 풀(full)충전이 되어 양극에 $Ni(OH)_2$가 없어진 시점에서도 음극에는 $Cd(OH)_2$가 잔류하고 있어 이 충전반응이 계속되기 때문에 수소가스는 발생되지 않는다.

한편 양극에서는 $Ni(OH)_2$가 없어졌기 때문에 산소가스가 발생하지만, 이 산소가스는 세퍼레이터를 통해 음극에 도달하고 여기서 Cd에 의해 환원되어 물로 돌아간다. 음극에 과잉으로 들어가 있는 $Cd(OH)_2$를 리저브량(LR)이라고 한다.

또한 니카드전지에서는 과방전에 대해서도 대책이 세워져 있는데, 과방전으로부터 음극에서 산소가스가 발생하는 것을 방지하기 위해서 Cd 양을 양극의 방전량보다 많이 해둔다. 이것을 프리차지량이라고 한다. 또한 양극에 $Cd(OH)_2$를 첨가해 두는데, 이것을

APM(antipolarmass＝반극성 물질)이라고 한다. 이것에 의해 음극으로부터 발생한 산소가스를 과충전과 같은 메커니즘으로 흡수하여 양극으로부터의 수소가스 발생은 저지된다.

이 메커니즘이 제대로 작동하지 않은 경우, 또는 대전류에 의한 과방전·과충전으로 흡수반응이 미처 쫓아가지 못한 경우에 대비하여 니카드전지도 MH 전지도 안전마개를 설치하고 있으나, 기본적으로 허용전류 이하의 과충전에 견딜 수 있는 화학물질로 구성되어 있는 것이다.

그런데 리튬이온 전지에는 이와 같은 고안이 없다. 그 이유 중 하나는, 양극의 $LiCoO_2$를 50% 이상 충전하면 결정구조가 파괴되어 사이클특성이 현저하게 저하하기 때문이다. 즉, 리튬이온 전지는 사이클특성 면에서 과충전은 커녕 완전 충전도 할 수 없다.

그리고 또 하나의 치명적인 문제점은, 전해액이 수용액계가 아닌 유기용매계라는 것이다. 물이 분해되어 수소가스와 산소가스를 발생시켜도, 니카드전지에서는 위에서 서술한 것과 같이 쉽게 물로 되돌릴 수 있다. 납 축전지에서는 이와 같은 고안은 되어 있지 않지만, 제3전극을 사용하여 가스를 물로 되돌리고 있다.

그런데 유기용매는 일단 분해되면 원래대로 되돌리는 것은 불가능하기 때문에 과충전되면 전지의 내압이 상승하여 극히 위험한 상태가 된다. 이 메커니즘에 대해서는 제8장의 리튬이온 전지에서 상세히 설명하겠다.

니카드전지는 전기특성으로서 전기용량이 MH 전지나 리튬이온 전지에 비해 떨어지는 것 외에는 상당히 우수한 전지이긴 하지만, 커다란 결점이 두 가지 있다.

하나는 메모리 효과이다. 일반적인 상태에서 니카드전지의 방전곡

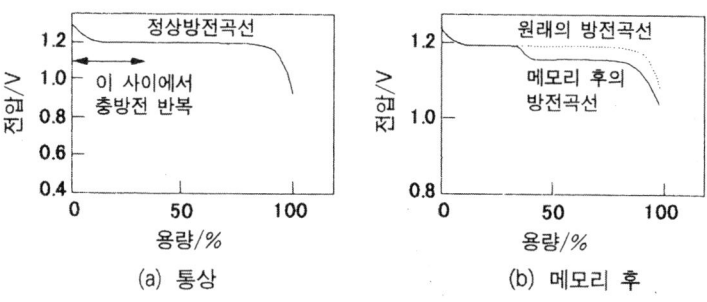

그림 1. 7. 2 메모리 효과

선은 그림 1.7.2(a)에 나타내었는데, 이것을 전지용량의 일부만을 대전류로 반복하여 충방전하면, 그 점을 전지가 기억하여 다음 완전 방전할 때에 (b)와 같이 그 점을 지나면 전압이 이상적으로 저하한다.

이것을 메모리 효과라고 한다. 메모리 효과를 일으킨 전지는 수회 완전 충방전을 반복하면 메모리 효과는 해제되나, 그것을 알지 못하면 전지를 폐기시켜야 하므로 상당히 번거로운 문제로 알려져 있다. MH 전지도 니카드전지만큼 심하지는 않지만 역시 메모리 효과는 인정되며, 메모리 효과가 없는 것은 리튬이온 전지뿐이다.

또 하나의 문제점은 카드뮴 공해문제에 관련된 폐기문제이다. 전지의 폐기에 관한 공해문제로서 대상이 된 것은 일차전지에 사용되는 수은과 니카드전지의 카드뮴이다.

수은에 대해서는 수은을 활물질로 하는 수은전지가 공기전지, 리튬전지 등의 전지로 대체되어, 1990년 이후 수은전지가 생산되지 않았다. 또 망간 전지나 알칼리 전지의 부식방지제로서 첨가되고 있던 수은은 다른 물질로 바뀌어져 현재 일차전지에서의 수은 사용은 중지되었다.

그러나 니카드전지는 그와 같은 대응이 없고, 현재는 전지의 회수 의무가 법률로 정해져 있다. 니카드전지를 사용하는 기기는 전지의 회수를 위해서 기기로부터 전지를 쉽게 꺼낼 수 있는 설계를 하도록 법으로 정해져 있어 번거롭다.

제 8 장

리튬이온 이차전지

세 종류의 이차전지 중 리튬이온 이차전지는 폴리머전지, 특히 실용화에 가까운 겔 폴리머전해질 리튬 이차전지와 관계가 깊기 때문에, 여기서 한 장을 할애하여 상세하게 그 내용을 설명한다.

1. 리튬 이차전지의 개발

1970년대에 리튬 일차전지가 실용화되었다. 리튬은 그때까지의 각종 음극재료에 비해서 표 1.8.1에서처럼 중량당 용량이 크고 전위가 극히 높기 때문에, 에너지밀도 면에서 우수하다는 점이 최대의 개발 이유이다. 이 관계는 이차전지에 사용되고 있는 카드뮴과 비교하면 한층 더 뚜렷해진다. 당연히 일차전지의 다음은 이차전지이므로, 리튬 이차전지의 개발이 1970년대 말부터 시작되었다.

표 1.8.1 리튬의 음극으로서의 특성

재료	원자량	단위 V	반응 원자가	밀도 g/cm³	용량밀도 Ah/g	Ah/cm³	에너지밀도 Wh/g	Wh/cm³
Li	6.9	−3.04	1	0.54	3.86	2.08	11.73	6.32
Al	26.9	−1.66	3	2.69	2.98	8.02	4.95	13.31
Zn	65.4	−0.76	2	7.14	0.82	5.85	0.62	4.45
Cd	112.4	−0.40	2	8.65	0.48	4.15	0.19	1.66
Pb	207.2	−0.13	2	11.34	0.26	2.94	0.03	0.38

　당초에는 일차전지와 동일하게 비수계 액체전해질이 검토되었으나, 덴드라이트라는 커다란 문제에 직면하였다.

　덴드라이트란, 방전에 의해 음극으로부터 전해액 속으로 방출된 리튬이온이 충전에 의해 음극상에서 석출될 때, 평탄한 면을 형성하지 않고 그림 1.8.1과 같이 나무가지처럼 석출되는 것을 말한다. 수지상 석출물(덴드라이트)은 전극상에 안정적으로 존재하기가 어렵고 탈락해버려서 충전효율이 나빠지고, 그 때문에 사이클특성이 수십 회 정도로 한정된다. 충전효율을 나타내는 척도로서 FOM (Figure of Merit)이 있다.

　충전효율이 나쁘기 때문에 리튬금속을 양극 전기량의 5배 정도로 더 넣지만, 그래도 사이클이 100회 정도밖에 되지 않는다. FOM이란 넣은 리튬이 계산상 몇 회 충전된 것인지를 나타낸 것으로서, 이 예에서는 100÷5로서 FOM 20이 된다. 더욱 커다란 문제는, 수지상(樹枝狀)이 발달하면 세퍼레이터를 뚫고 내부 단락을 일으켜서, 발열·발화 등의 사고를 일으키는 것이다. 실제로 시장에 나온 금속리튬 이차전지가 발화사고를 일으킨 예도 있다.

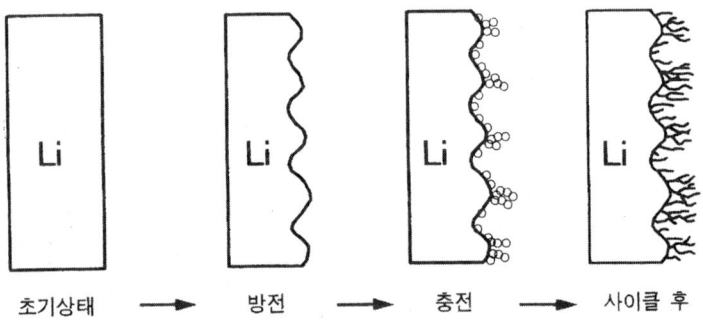

초기상태　　➡　　방전　　➡　　충전　　➡　　사이클 후

그림 1.8.1 충방전에 따른 덴드라이트의 형성

이 덴드라이트의 문제를 해결하기 위해서 리튬 합금의 사용이나 전해질의 개량이 검토되었지만, 효과적인 방법은 되지 못했다. 그래서 등장한 것이 두 가지의 어프로치로서, 하나는 이 책의 주제인 폴리머전해질 전지이고, 또 하나는 이미 상품개발이 완료되어 현재 눈부시게 그 세력을 확대해 가고 있는 리튬이온 전지이다.

2. 리튬이온 전지의 구성

리튬이온 전지는, 양극에는 코발트산리튬($LiCoO_2$)을 대표적 예로 하는 전이 금속산화물의 리튬화합물을, 음극에는 카본을 사용하고, 전해액으로는 유기용매에 리튬염을 첨가한 것을 사용한다.

코발트산리튬은 결정층 사이에 리튬이 자유로이 출입하는 것이 가능하며, 그 충방전 반응 개념도는 그림 1.8.2에 나타내었다. 전지를 작성한 단계에서 리튬은 모두가 양극 활물질에 들어있고, 음극의 카본에는 리튬이 없는 방전상태로 되어 있다.

이것을 일단 충전(이것을 화성이라 한다)하면, 양극에 있던 리튬은 음극의 카본으로 들어간다. 이것이 방전될 때 탄소에 고정된 리튬은 모두 코발트산리튬으로 되돌아가지 못하고 일부 남겨져서, 이후는 이 상태에서 충방전이 반복된다.

또한 충전시에 점선으로 표시된 원은 탄소에 아직 이 정도의 수용능력이 있다는 것을 나타내고 있으나, 그림과 같이 코발트산리튬의 모든 리튬을 수용할 만큼의 사이트가 없다는 조건으로서 전지가 작성되어 있는 것이 일반적이다.

코발트산리튬이나 카본과 같이 층 사이에 리튬을 넣을 수 있는 물질을 층간 삽입 화합물이라 한다. 양극과 음극의 양쪽에 층간 삽입 화합물을 사용해서 리튬이 양극과 음극을 왕복하는 충방전을 로킹

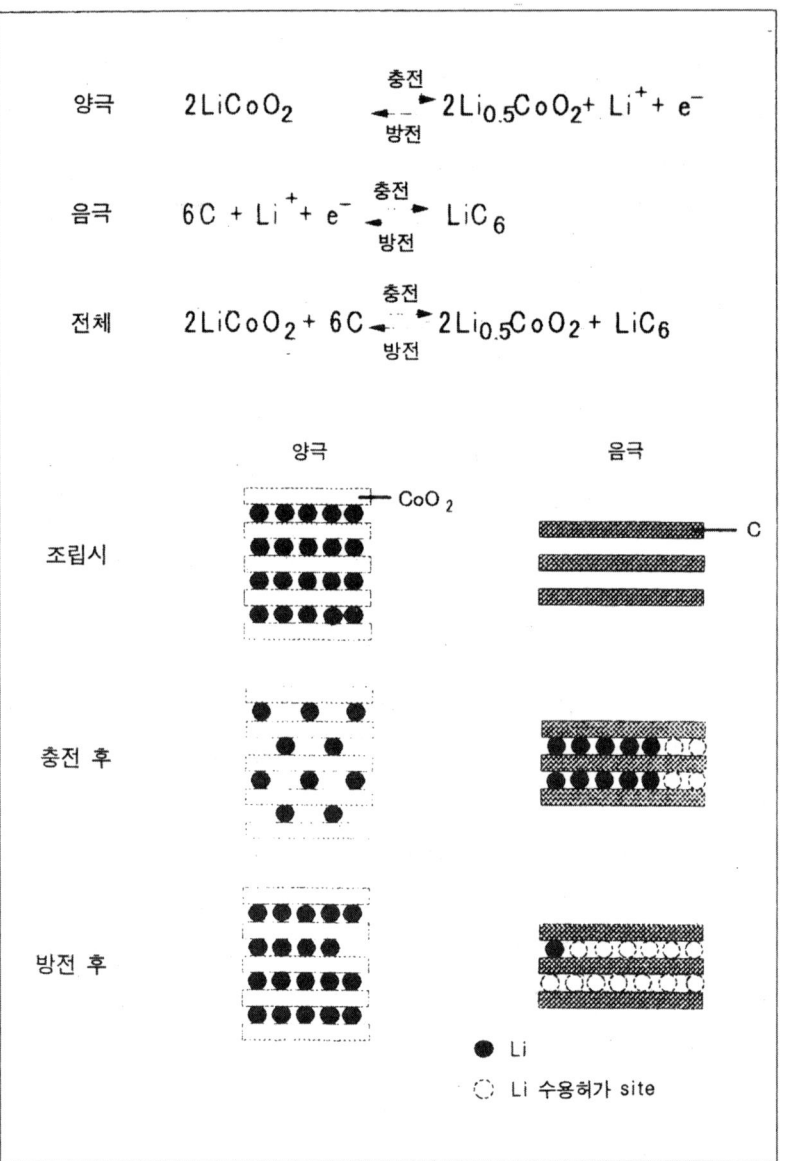

양극 $\quad 2LiCoO_2 \xleftrightarrow[\text{방전}]{\text{충전}} 2Li_{0.5}CoO_2 + Li^+ + e^-$

음극 $\quad 6C + Li^+ + e^- \xleftrightarrow[\text{방전}]{\text{충전}} LiC_6$

전체 $\quad 2LiCoO_2 + 6C \xleftrightarrow[\text{방전}]{\text{충전}} 2Li_{0.5}CoO_2 + LiC_6$

양극   음극

CoO$_2$

C

조립시

충전 후

방전 후

● Li

◌ Li 수용허가 site

그림 1.8.2 리튬이온 전지 충방전 메커니즘

체어라고 하는데, 이는 확실히 명언이다.

층간 화합물이 리튬전지의 양극이나 음극에 사용 가능하다는 것은 1970년대에 이미 알려져 있었고, 코발트산리튬이나 흑연 역시 그 한 예로서 알려져 있었다. 그러나 리튬이온 전지의 성공은 이 코발트 산리튬과 카본을 조합하는 것에 의해 3.6V의 전지를 구성하는 것으로서 고에너지밀도 전지를 완성한 것이다.

리튬이온 전지의 보다 큰 공적은, 앞에서 기술한 덴드라이트의 문제를 거의 완전히 해결했다는 것이다. 덴드라이트는 리튬이온이 금속상에 석출할 때 발생하는 것으로, 이것은 리튬 고유의 것이 아닌 금속 이온으로부터의 금속 석출시에 반드시 생기는 문제이며, 카드뮴에도 이러한 경향이 있다.

카드뮴보다 에너지밀도가 높은 아연을 이차전지의 음극으로서 사용하는 것을 시험한 결과, 지금까지 성공하지 못한 것은 이 덴드라이트 때문이었다.

카본을 음극으로 사용하면, 그림 1.8.2에서처럼 리튬은 금속상으로 석출되지 않고, 리튬이온이 그대로 카본층 사이에 들어가 각각의 리튬이온이 독립해서 존재하기 때문에, 덴드라이트의 발생이 없는 것이다. 이 때문에 사이클은 수백 회~1000회가 가능하게 되어, 내부 단락에 의한 안전성의 문제도 거의 없어졌다. 완전히 없어진 것이 아니라 거의 없어졌다고 하는 이유는 나중에 서술하겠지만, 에너지밀도를 높이기 위한 설계수법상의 문제가 있기 때문이다.

리튬이온 전지에는 원통형 구조와 가형 구조가 있는데, 원통형의 구조도를 그림 1.8.3에 나타내었다. 전극구조는 반응면적을 넓히기 위해서 아주 얇은 전극을 감은 구조를 하고 있다.

전지의 이상 충방전반응 중 가스 발생에 대처하기 위한 공간부가

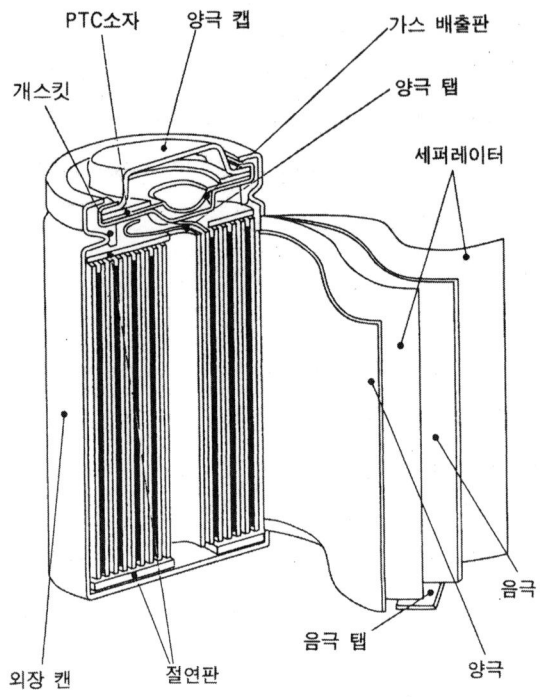

PTC소자   양극 캡   가스 배출판
개스킷   양극 탭
                              세퍼레이터
외장 캔   절연판   음극 탭   양극   음극

그림 1.8.3 원통형 리튬이온 전지 구조도 (출전 : 三洋電機 카탈로그)

설치되어 있고, 더욱이 긴급 사태시의 대응책으로, 내압 상승시에 전
류를 차단하는 기계적 구조와 마개구조의 일부가 갈라져 내부압을
외부에 방출하는 등의 복잡한 구조의 마개가 장착되어 있다.
　이러한 복잡한 마개구조가 전지의 지름 또는 두께의 한계가 되고
있는 것이다.

3. 리튬이온 전지의 특성

　리튬이온 전지 ICR18650의 특성을 그림 1.8.4에 나타내었다.
　충전은 보통 CCCV 방식이 사용된다. 즉, 충전 초기에는 정전류

충전특성

부하특성

온도특성

사이클특성

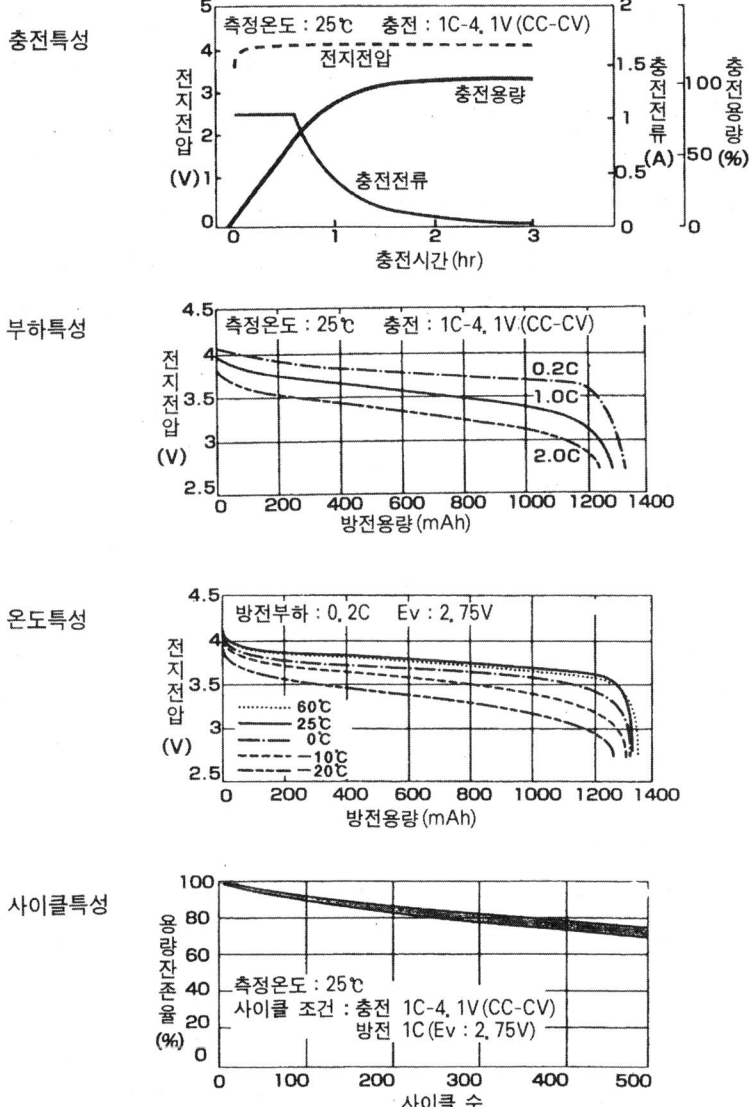

그림 1. 8. 4 리튬이온 이차전지의 특성(CR18650)

(출전 : 三洋電機 카탈로그)

(Constant Current=CC)로 충전하다가 충전전압이 설정전압에 도달하면 정전압(Constant Voltage=CV)으로 충전을 바꾸어 충전전류를 점차 줄여나가는 것에 의해 부분적으로도 Li_xCoO_2의 x가 0.5 이하가 되지 않도록 컨트롤한다. 따라서 초기 CC의 전류가 1C 레이트라도 전 충전시간은 3시간 정도 걸리게 된다.

방전전압은 MH 전지만큼 안정되어 있지 않고, 4V에서 3V로 기울어져 있다. 부하특성은 1C 레이트로서 90%, 온도특성은 −20℃에서 80%로서 MH 전지와 거의 동등한 레벨에 있다. 사이클 특성은 500회이다.

4. 리튬이온 전지의 문제점

앞에서 덴드라이트에 대해 리튬이온 전지는 완전히 대응한 것이 아니라 거의 대응하고 있다고 서술한 것은, 높은 에너지밀도를 유지하기 위한 설계기준에 있다. 코발트산리튬은 전지를 조립한 상태에서는 방전상태이고, $LiCoO_2$의 조성으로 되어 있다.

충전을 하면 리튬이 이탈하여 방전가능 상태가 되는데, 이상적으로는 리튬이 전부 이탈하여 Li_0CoO_2가 되면 좋으나, 리튬을 0.5 또는 0.4 이하까지 충전하면 코발트산리튬의 결정구조가 깨어져, 충방전이 불가능하게 된다. 따라서 충전은 그림 1.8.5의 충전가능 영역에서 컨트롤이 되어야 한다. 그 때문에 전지 본체에 보호회로를 설치하여, 설정전압 이상에서는 충전되지 않도록 해야 한다는 문제가 있다.

코발트산리튬은 어느 한계까지만 충전할 수 있기 때문에, 음극 카본의 양도 이것에 맞추어서 한계를 조금 넘을 정도로 설정해야 한다. 그 이상 넣어도 보통은 낭비가 되며, 카본을 여분으로 넣은 만큼 전지

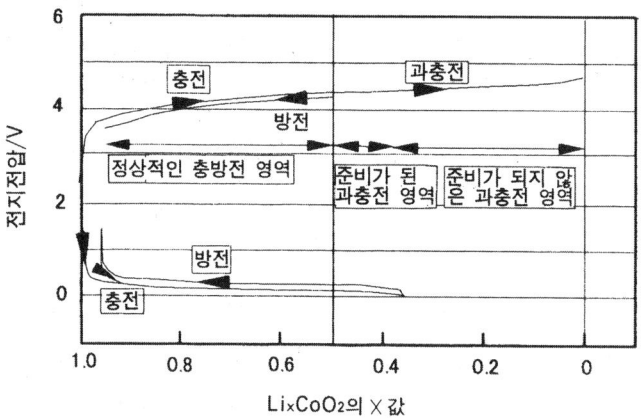

그림 1.8.5 리튬이온 전지의 충방전 제어

의 에너지밀도가 내려가 버리는 것을 피하기 위해서라고 할 수 있다. 일반적으로 사용할 때는 이것으로 좋지만 문제는 과충전할 때이다.

리튬이온 전지를 설정전압을 넘어서 과충전하면, $Li_{0.5} \sim Li_0$ 사이의 리튬이 양극으로부터 음극으로 이동된다. 음극으로 이동한 리튬은 카본이 있을 때에는 카본층 사이에 들어가지만, 카본이 부족하면 들어갈 장소가 없으므로 음극의 표면에서 금속으로 석출되어, 이것이 덴드라이트가 된다. 덴드라이트가 발생하게 되면 내부 단락에 의한 사고가 생기게 된다.

더욱 번거로운 것은 덴드라이트의 발생과는 별도로 규정전압을 넘어서 충전하면 유기용매의 전기분해가 일어나, 파열사고로 이어진다는 것이다. 이것을 피하기 위해서는, 그림 1.8.6에 나타낸 것처럼 마개부분에 전지내압이 올라갈 경우 전류회로를 차단하여 충전이 진행되지 않도록 하거나, 내압이 너무 올라갔을 때에는 전지 전체가 파열되지 않고 마개의 일부분이 약간 깨지도록 고안되어 있다.

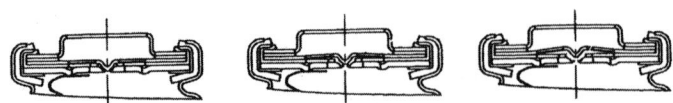

일반적인 상태   리드의 절단상태   개렬막의 파단상태

그림 1.8.6 안전대책이 된 마개

  또, 과충전으로 온도가 올라갈 때의 대응책으로는, 온도가 올라가면 전류가 흐르지 않게 하는 PTC 소자를 장착하거나, 다공성 세퍼레이터의 구멍이 막혀 전류가 흐르지 않게 되는 등의 대책이 세워져있다.

  이상과 같이 리튬이온 전지는 전지특성상 뛰어난 것이지만, 다음과 같은 문제점을 안고 있다.

  ① 과충전시에 덴드라이트가 발생한다.

  ② 과충전시에 전해액 용매가 분해되어 가스가 발생한다.

  ③ 전지 각각에 과충전·과방전방지 보호회로가 필요 불가결하다.

  ④ 온도상승을 방지하는 PTC 소자를 장착하는 것이 필요하다.

제 9 장
폴리머전지에 대한 여러 가지 오해

    여러 사람들과 폴리머 리튬 이차전지에 대해서 이야기해 본 결과, 상당히 많은 오해가 있다는 것을 알게 되었다. 초보자는 그렇다 하더라도 전지산업에 관계가 깊은 사람, 전지의 학문적 연구에 뛰어난 사람이라도 많은 오해를 가지고 있는 것 같다.

    그 원인은 제1장에서 말한 것처럼, 폴리머 리튬 이차전지에는 여러 가지 종류가 있으므로, 그 특성이 종류에 따라 크게 다른 것에 있는 것 같다. 종류에 따른 특성의 차이는 제2편에서 상세히 설명하기로 하고 여기서는 대략적인 특성의 차이만 설명한다.

    표 1.9.1에 4종류의 폴리머전지의 장점과 단점을 정리해 보았다. 현재 상품화에 가장 가까이 있는 것이 두 번째의 겔 SPE 전지인데, 이것은 리튬이온 전지 정도의 에너지밀도일 뿐만 아니라 부하특성, 온도특성, 사이클특성도 리튬이온 전지에 비해 손색이 없는 한편 박형화, 대면적화가 가능한 형상 자유성과 누액이 전혀 없어 각종 안전성에 뛰어나다고 하는 리튬이온 전지보다도 우수한 점이 많다.

    그러나 같은 SPE 전지라도 진성 SPE를 사용하면, 에너지밀도와 형상 자유성, 내누액성, 안전성은 겔 SPE 전지와 같고, 더구나 리튬 금속 음극의 사용이 확립되어 있으며, 고온에서도 보존성이 각별히 뛰어나다는 특징이 있는 반면, 이온전도도가 낮기 때문에 60℃ 또는 80℃ 이상의 고온에서만 사용이 가능하다는 치명적인 결점을 가

표 1. 9. 1 각종 폴리머전지의 장점과 단점

	장 점	단 점
진성 SPE	• Li 금속 음극 사용 가능 • 리튬이온 전지 수준의 에너지밀도 • 고온에서의 보존특성 양호 • 형상 자유성 • 누액 전무, 안전성 양호	• >60℃에서만 사용할 수 있다
겔 SPE	• 리튬이온 전지 수준의 에너지밀도, 부하특성, 온도특성, 사이클특성 • 형상 자유성 • 누액 전무, 안전성 양호	
도전성 고분자 양극	• 활물질의 에너지밀도가 크다 • 얕은 충방전의 사이클 특성이 좋다	• 전지계 에너지밀도가 작다 • 깊은 충방전에는 부적합하다 • 충전 보존특성이 나쁘다
유황계 양극	• 에너지밀도가 크다 • 재료자원 풍부 • 형상 자유성 • 누액 전무, 안전성 양호	• 전압이 2V로 낮다 • 사이클특성이 나쁘다 • 부하특성, 온도특성이 나쁘다

지고 있다. 이 특성만을 가지고, 「SPE 전지는 내부저항이 높으므로 부하특성이 나쁘고 저온특성도 나쁘다」라고 단정지어버린 사람이 상당히 많은 것 같은데, 진성 SPE에 관한 것이 겔 SPE에 반드시 해당되는 것은 아니다.

　물론 겔 SPE 전지 중에는 이온전도도가 불충분하거나, 다른 전지 구성부분의 저항이 크고, 완성도가 낮은 것도 사실상 있지만, 결코 그것이 겔 SPE 전지의 속성은 아니다.

　도전성 고분자 양극전지는 1980년에 갑자기 등장하여, 에너지밀도가 종래의 납 축전지나 니카드전지와는 자릿수가 다르다고 알려져 세상을 놀라게 하였으나, 결과적으로는 종래의 전지에 비해서 에너지밀도가 상당히 열등한 것밖에 만들어지지 않았다. 이러한 인상이 너무나 강하여 「폴리머전지는 에너지밀도가 낮다」고 믿는 사람이 상당 수 있다.

유황계 양극전지도 고에너지밀도를 장점으로 내세워 최근 수년간 급격히 부상하고 있는 전지인데, 확실히 높은 에너지밀도가 구현되고 있다. 그러나 현장에서 부하특성, 온도특성, 사이클특성에 문제가 남아있어, 「폴리머전지는 사이클특성과 부하특성이 나쁘다」고 하는 오해의 원인이 되고 있다. 이 전지는 미국에서 개발이 활발하기 때문에, 특히 미국에서 평이 좋은 것 같다.

또한, 폴리머전지는 박형 전지라는 오해도 있을 수 있으나, 폴리머전지는 박형도 가능하다는 커다란 장점도 갖고 있지만, 박형에만 국한된 것이 아니라 두께나 면적도 자유도가 상당히 높은 전지이다.

제2편

폴리머 리튬 이차전지의 현재

■■■■

앞에서 서술한 것처럼 폴리머 리튬 이차전지는 양극, 전해질, 음극의 전지 3요소 중 하나 이상이 폴리머가 사용된 것이다. 현재 실용화를 위해 개발이 진행되고 있는 것은, 양극이나 전해질에의 폴리머 사용이다. 따라서, 여기서는 폴리머 음극전지는 제외하고, 폴리머전해질(SPE＝Solid Polymer Electrolyte) 전지와 폴리머 양극전지의 세계적 개발상황에 대해서 소개한다.

이 두 종류 중, 아주 가까운 미래에 실용화가 가능한 것은 SPE 전지, 특히 겔 SPE 전지이며, 폴리머 양극전지는 실용화 되기까지 시간이 조금 더 필요할 것이다.

■■■■

제 ❶ 장
진성 SPE 전지

1. 진성 SPE의 구조

진성 SPE는 폴리머에 전해질염을 용해시킨 것이다. 예를 들어 폴리머는 폴리에틸렌을 선택하여, 이것에 염화나트륨($NaCl$)이나 유기용매 전해액 지지염의 과염소산리튬($LiClO_4$)을 혼합하려 해도, 원자 레벨에서의 균일한 분산은 얻어지지 않고 백탁되어 이온전도성이 없어진다.

그런데 폴리머에 폴리에틸렌옥사이드(PEO)를 사용하면, $LiClO_4$는 균일하게 용해되어 투명한 필름을 얻을 수 있다. 이것은 PEO의 산소원자가 크라운 에테르처럼 배위장을 만들어, 그림 2.1.2에서와 마찬가지로 여기에 리튬이온(Li^+)을 용해하는 기능이 있기 때문이다. 이와 같은 폴리머를 고체전해질로 하는 연구는, 1975년에 P.V. Wright 등이 PEO가 알칼리 금속과 착체를 형성시켜, 알칼리 금속 이온전도성이 있다는 것을 발견한 것에서부터 시작되었다[1].

그림 2.1.1에 나타낸 것과 같이, 60℃ 이상의 고온에서는 10^{-4} S/cm의 비교적 높은 이온전도도를 나타내지만, 100℃ 부근에서부터 이온전도도는 급격히 낮아져, 실온에서는 10^{-8} S/cm까지 저하된다. 그는 이것을 발견만 하였고, 전지에 응용하는 것은 생각하지 못했다.

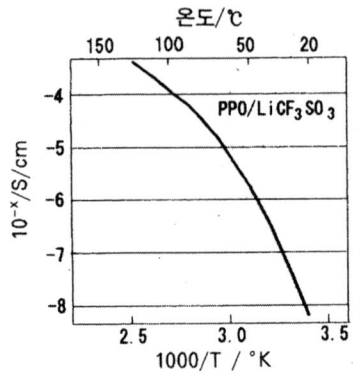

그림 2. 1. 1 PEO의 리튬이온 전도도

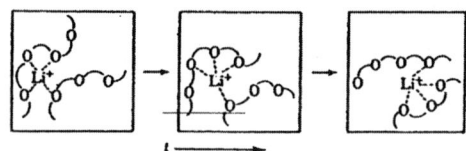

그림 2. 1. 2 진성 SPE의 이온전도 메커니즘

　M.B.Armand 등은 PEO의 이온전도성에 대해서 한층 더 검토하여, PEO 및 폴리프로필렌옥사이드(PPO)와 각종 알칼리 금속염의 이온전도도를 상세히 측정함과 동시에, 그 이온전도 메커니즘에 대해서 고온영역에서 착체 중의 결함부를 이온이 이동하는 것이라고 설명하였다[2].

　그 후, 이온전도에 기여하는 구조가 주로 고무상태의 복합체인 것으로 알려짐에 따라, 폴리머 중 극성기의 세그먼트 운동에 의해 이온수송이 행해진다고 하는 그림 2.1.2와 같은 해석이 제안되었다.

　이와 같이, 폴리머가 리튬이온과의 착체를 형성하여 이온전도성을 갖기 위해서는, 산소(O)나 질소(N) 등의 강한 극성을 나타내는 헤

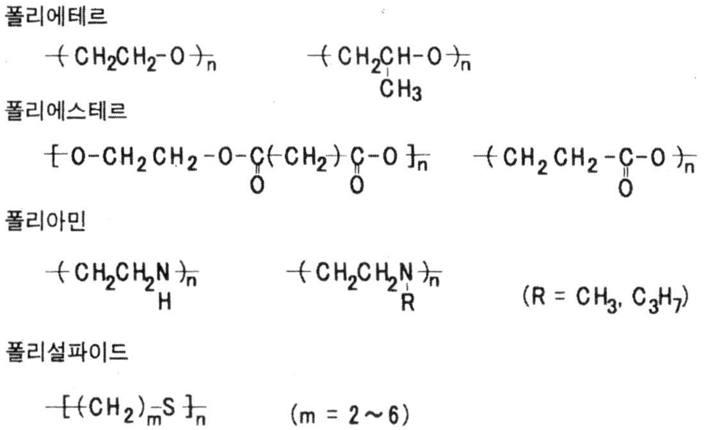

폴리에테르

$$-(CH_2CH_2-O)_n- \qquad -(CH_2CH-O)_n-$$
$$\qquad\qquad\qquad\qquad\quad CH_3$$

폴리에스테르

$$-[O-CH_2CH_2-O-C(CH_2)C-O]_n- \qquad -(CH_2CH_2-C-O)_n-$$
$$\qquad\qquad\qquad O \quad\ \ O \qquad\qquad\qquad\qquad\qquad O$$

폴리아민

$$-(CH_2CH_2N)_n- \qquad -(CH_2CH_2N)_n-$$
$$\qquad\quad H \qquad\qquad\qquad\qquad R \qquad\qquad (R = CH_3,\ C_3H_7)$$

폴리설파이드

$$-[(CH_2)_m S]_n- \qquad (m = 2 \sim 6)$$

그림 2.1.3 진성 SPE용 폴리머

테로 원자를 분자구조 내에 가지고 있어야 한다. 일반적으로 SPE의 연구에 이용되는 폴리머로는 그림 2.1.3에 나타낸 것이 잘 알려져 있다.

Wright나 Armand의 SPE는 이온전도성을 나타내지만, 상온 에서는 10^{-8} S/cm 레벨이다. 이것은 두께 0.1mm, 면적 $10cm^2$ 의 SPE를 이용한 전지에서, 작동시 전압 저하를 0.1V까지 허용할 때의 방전전류는 1μA가 한계가 된다. 이것이 실용전지는 될 수 없으므로, 이온전도도의 향상이 적극적으로 검토되었다. 그 방법에는 표 2.1.1처럼 3가지가 있다[3].

제1의 방법은 폴리머 자체의 개질이다. 그림 2.1.2에서 100℃ 정도부터 급격히 이온전도도가 저하하는 것은, 고온에서는 어모퍼스 (amorphous)인 PEO가 온도가 저하되면 결정화되기 때문에, 저온 영역에서 비교적 높은 이온전도도를 유지하기 위해서 결정화 온도를 내려 가능한 한 어모퍼스 상태를 저온까지 유지하려고 하는 것이다.

표 2. 1. 1 진성 SPE의 이온전도도 향상책

방 법	내 용
폴리머의 개질	가교 측쇄의 도입 이종 폴리머의 공중합 이종 폴리머의 혼합 무기 필러의 첨가 가소제의 첨가
전해질의 개량	$LiN(CF_3SO_2)_2$ 등의 사용
전해질 아니온을 폴 리머 내에 짜 넣음	전해질염의 아니온을 폴리머 사슬에 집어넣어 카티온만을 움직인다

결정화 억제의 수단으로서는,

① 폴리머 분자간의 가교

② 폴리머의 주 골격에 다른 폴리머 또는 올리고머를 그라프트 중
   합하여 절상구조로 한다.

③ 다른 폴리머와 공중합 또는 브랜드한다.

④ 가소제나 무기 필러를 첨가한다.

등이 검토되어 있다.

　여기서 가소제의 첨가는, 뒤에서 서술할 겔 SPE와는 별도로, 결정
화 억제의 목적으로 가소제를 첨가하는 것이며, 그 양은 10% 정도
이다. 통상 20% 이하까지는 겔 SPE로 구분하지 않고, 진성 SPE
라 하고 있다.

　제2의 방법은 전해질염의 개량이다. 염은 격자 에너지가 작고, 아
니온이 크며 전자가 비국재화(非局在化)되고 있는 것으로 유효하다
는 것은 용액계 전해액과 동일하다.

이와 같은 염으로는 LiClO$_4$, LiBF$_4$, LiPF$_6$, LiAsF$_6$, LiCF$_3$SO$_3$, LiN(CF$_3$SO$_2$)$_2$ 등이 있으나, 특히 LiN(CF$_3$SO$_2$)$_2$는 호스트 폴리머인 PEO를 가소화하기 때문에, 현재 진성 폴리머용 전해질염 중 가장 우수한 것으로 여겨지고 있다.

전해질염은 용액이나 폴리머 안에서 해리되어 아니온과 카티온을 생성하며, 이것의 움직임에 의해서 전기가 흐르는데, 전장(電場)에 있어서는 당연 양쪽의 이온이 움직인다.

전기가 아니온과 카티온에 의해 운반되는 비율을 수율이라고 하는데, 리튬염의 경우 카티온의 리튬이온은 용매화하여 분자가 크게 되어 있기 때문에 움직임이 좋지 않고, 수율은 0.5 이하가 일반적이다. 리튬전지에서는 리튬이온이 움직이는 것이 중요하므로, 아니온을 움직이지 않고 리튬이온만을 움직이는 것이 이상적이다. 즉, 리튬이온의 수율을 1에 가깝게 하는 것이다.

이러한 목적으로 아니온을 폴리머 구조 안에 넣어 움직이지 않게 하는 제3의 방법이 시험되고 있다. 확실히 이 방법에서는 리튬이온의 수율을 크게 하는 것이 가능한 것으로 실증되어 있으나, 애석하게도 이온전도도의 절대값이 크게 저하되어, 리튬이온 전도의 절대량 향상은 달성되지 않았다.

제1의 방법과 제2의 방법은 단독 또는 그 조합의 성과로서, 상온에서 10^{-5} S/cm 정도까지 개량된 예가 많이 있다. 그 중에서 현재 가장 우수한 것 중 하나는 그림 2.1.4와 같이, 에틸렌옥사이드에 2-(2메톡시에톡시)에틸글리시진에테르(MEEGA)를 중합해서 무수히 많은 가지를 친 구조이다.

이것은 전해질염으로서 LiN(CF$_3$SO$_2$)$_2$을 사용하여, 20℃에서 10^{-4} S/cm부근까지 개선되었다[4,5].

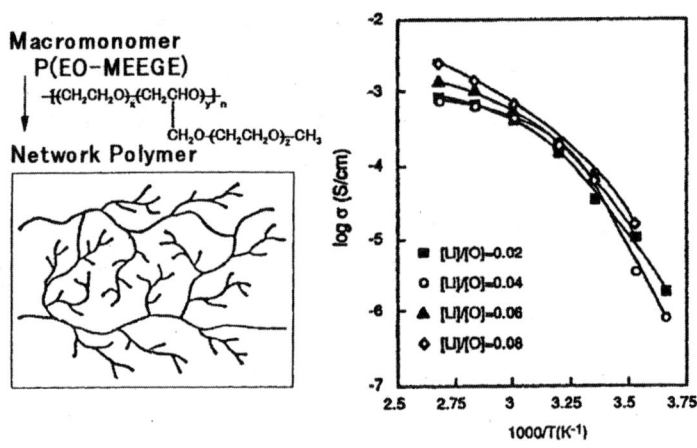

그림 2. 1. 4 진성 SPE의 예

2. 진성 SPE 전지의 현재

진성 SPE를 전지에 응용하는 것을 최초로 생각한 사람은 Armand이다. 그는 1979년에 특허를 신청하여, 1981년에 USP 4,303,748을 취득하였다. 이 특허의 개요는 표 2.1.2의 내용으로, 알칼리 금속 전지의 전해질로 폴리머를 사용한다는 것이다. 알칼리 금속으로는 리튬과 나트륨을 열거하고 있으나, 순 알칼리 금속 이외에 금속화합물, 합금 및 흑연과 같은 층간 화합물도 사용할 수 있다고 한다. 양극에는 음극재료에 대응하는 알칼리 금속을 함유하는 금속산화물이 사용된다.

폴리머전해질에 대해서, 고분자화합물과 이온화합물은 고용체(Solid Solution)로서, 폴리머의 종류는 PEO 또는 PPO가 적합하나, 산소나 질소의 헤테로 원자를 함유하는 폴리머라면 호모 폴리머, 코 폴리머에 관계 없이 사용 가능하며, 분자량은 50,000 이상으로, 가능하다면 3,000,000 이상이 좋다고 알려져 있다. 전해질염의 카티온은 음극재료와 동일하나, 아니온은 표에 기재할 당시에 유기용매 전해액으로 사용되어진 것이 모두 열거되어 있다. 또한 이 폴리머전해질에는 용매를 전혀 함유하지 않으며, 왁스상도 겔상도 아니라고 한다. 따라서 표 2.1.1 중 가소제 첨가 이외의 모든 개량은 이 특허에 포함되어 있다. 가소제를 대량으로 함유한 겔 SPE는 범위를 벗어난 것이 된다.

구체적인 예로서, PPO 1g과 리튬 트리프레이트(LiCF$_3$SO$_3$) 0.488g을 30ml의 아세톤에 용해시켜, 이것을 테프론 상에서 캐스트하여 60℃에서 건조시켜 얻어진 두께 0.22mm의 SPE에 의해 45℃에서 10^{-5} S/cm의 폴리머전해질이 얻어졌다. 그러나 20℃에서는 10^{-8} S/cm로 된다. 이것을 사용한 전지특성의 구체적 예는 애석하게도 나타나 있지 않다.

Armand는 SPE 전지의 장점을, 당시의 리튬금속 음극 이차전지 연구의 주류인 액체전해질계 및 무기 고체전해질계 전지와 비교하고

표 2.1.2 USP 4,303,748의 내용

항 목	내 용
음 극	알칼리 금속, 알칼리 금속화합물, 알칼리 금속합금, 알칼리 금속 층간 화합물
양 극	알칼리 금속 함유 산화물
고체전해질	고분자화합물과 이온화합물의 고용체
고분자화합물	산소나 질소의 헤테로 원자를 적어도 1개 포함하는 분자량 5만, 바람직하게는 300만 이상의 호모폴리머 내지는 코폴리머로서 바람직하게는 PEO 또는 PPO
염의 아니온	I^-, SCN^-, ClO_4^-, BF_4^-, PF_6^-, AsF_6^-, $CF_3SO_3^-$, $CF_6CO_2^-$

있다(표 2.1.3). 이것은 리튬이온 이차전지가 없던 시대의 평가이
므로, 현재로서는 상황이 약간 다르기는 하지만, 현재에도 통용되는
핵심을 정확히 지적하고 있다.

이 특허를 계기로 진성 SPE 전지의 개발이 많은 기관에서 검토되
었으나 상온특성이 문제가 되었다. 그러나 겔 SPE로써 해결할 수
있는 전망이 높아진 이후부터는 그 문제가 잠잠해졌다.

현재 이 전지의 적극적 개발을 진행하고 있는 곳은, 캐나다의 하이
드로 퀘백(Hydro-Quebec)이 쓰리 엠(3M), 아르고네 국립연구
소와 USABC(US Advanced Battery Consortium)과의 계
약으로 전기자동차용 전지의 개발에 열중하고 있을 뿐이다. 전지의
구성과 그 제조공정의 개념을 그림 2.1.5에 나타내었다. 개발된 시
제품의 특성은 표 2.1.4와 같다[6,7].

방전특성은 그림 2.1.6에서 보는 바와 같이, 전압이 3V에서 2V
까지 약간 기울어진 방전곡선으로 나타난다. 80℃에서는 0.15C
방전으로 100%의 이용률을 보이고, 0.6C로는 90%, 1.2C로는

표 2.1.3 SPE 사용의 장점

1. 극히 얇은 전해질층이 가능
2. 유연성 있는 전지가 가능
3. 임의의 형상의 전지가 가능
4. 무기계 고체전해질 전지에서는 문제가 되기 쉬운 전극-전해질계면의 접촉이 좋다
5. 액체전해질에서 문제인 덴드라이트 생성의 방지가 가능하여, 사이클특성이 개선된다

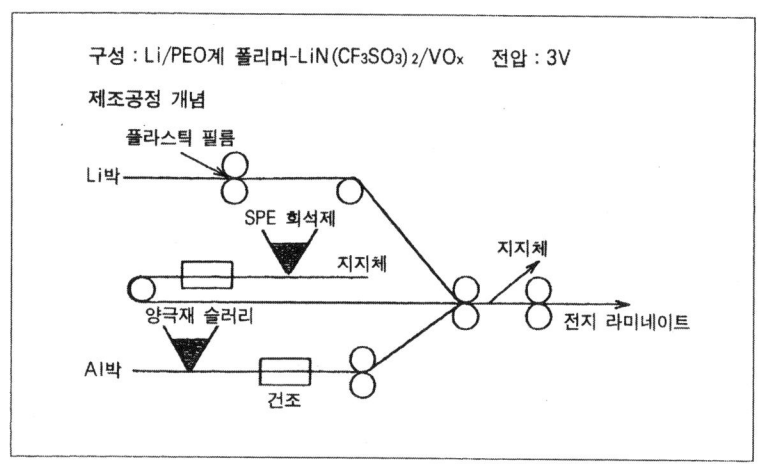

그림 2.1.5 Hydro-Quebec/3M 전지의 구성과 제조공정

표 2.1.4 Hydro-Quebec/3M의 진성 SPE 전지

항 목	단전지	조전지
용량 (Ah)	119	119
전력 (Wh)	303	2,425
출력 (W)	615	4,923
중량 에너지밀도 (Wh/kg)	205	155
체적 에너지밀도 (Wh/l)	333	220
출력밀도 (W/kg)	420	315

70%로 되어, 상당히 고효율의 방전이 가능하다. 사이클특성은 그림 2.1.7에 나타낸 것처럼 600회 사이클로 용량 보존유지율은 70%로 높은 레벨을 달성히고 있다. 125℃에서의 사이클특성도 공표되어 있는데, 최초의 10회 정도 완만한 용량 감소가 있었지만, 그 후 100회는 열화가 없었다.

놀라운 것은 고온에서의 충전용량 보존유지율이다. 80℃에서

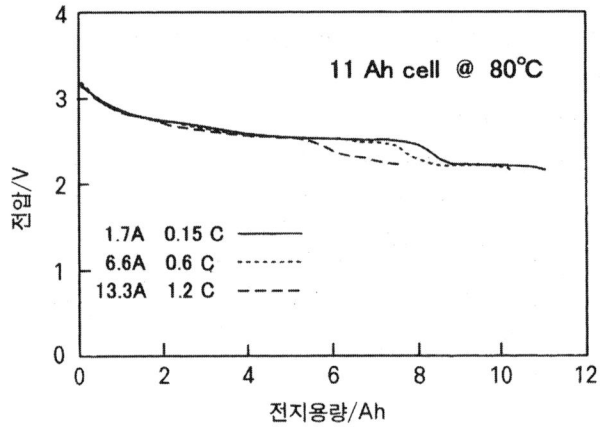

그림 2.1.6 Hydro-Quebec/3M 전지의 방전특성

3%/년, 60℃에서 2%/년, 40℃에서 0%/년로서 열화율이 극히 낮은데, 이것은 리튬이온 전지의 60℃에서 1개월에 10% 이상의 열화에 비하면 상당히 차이가 나는 것이다.

안전성에 대해서도 각종 테스트가 실시되었다. 과방전, 과충전, 단락, 압력파괴 등 어느 부분에서나 강한 내성을 나타내었다. 전지의 전 방전특성은 그림 2.1.8에 나타내었는데, 보통 사용하는 것은 중위 전압부로서, 고전압부는 과충전보호, 저전압부는 과방전보호에 사용되어, 리튬이온 전지에서는 볼 수 없는 우수한 특성을 보인다.

이처럼, 진성 폴리머전지는 고온에서만 작동한다는 커다란 결점이 있으나, 에너지밀도, 사이클특성, 충전용량 유지율에 있어서 상당히 우수한 특성을 가지고 있다.

USABC로부터 높은 평가를 받아 119Ah, 303Wh의 전지(그림 2.1.9) 8개를 직렬접속한 모듈을, 16개 탑재한 EV용 전지를 미국의 자동차회사인 빅3에 배포하여, 실용평가 단계에 들어갔다. 문제

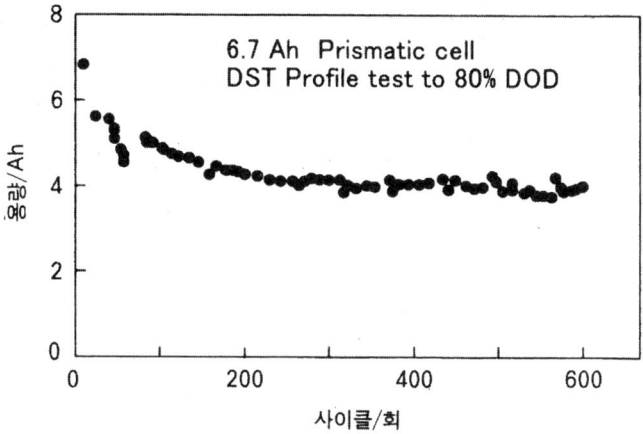

그림 2. 1. 7 Hydro-Quebec/3M 전지의 사이클특성

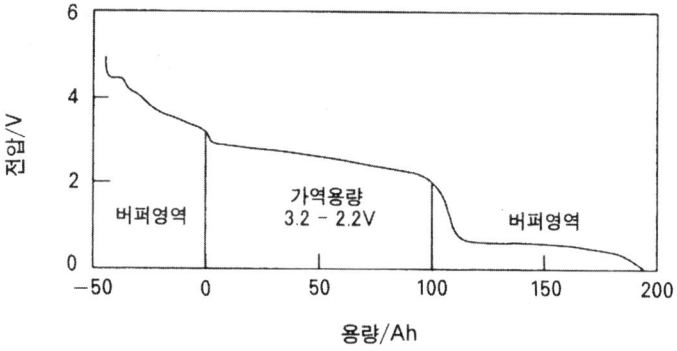

그림 2. 1. 8 Hydro-Quebec/3M 전지의 전 영역 방전곡선

는 60~80℃의 고온에서만 사용할 수 있다는 점인데, 자동차용은 자기발열에 의해 주행중에 온도가 유지되므로 문제될 것이 없고, 정지중에도 수일 정도는 온도유지 메커니즘이 확립되어 있기 때문에 워밍업 없이 바로 사용할 수 있으므로, EV용으로 충분한 가능성을 가지고 있다. 그러나 EV용으로 납 축전지, MH 전지, 리튬이온 이

그림 2.1.9 Hydro-Quebec/3M 전지 외관 사진

차전지 등의 현존 전지 외에, 연료전지, 제브라전지, 커패시터 등 많
은 후보가 있어, 경쟁이 예상된다.

그러나 당장 실생활용 기기에 사용할 가능성은 없어 보인다.

제❷장
겔 SPE 전지

1. 겔에 대해서

제2장에서는 겔 SPE 전지에 대해서 서술할 것이나, 그 예비지식으로서 겔 자체에 대한 이해를 돕기 위해 이 항을 만들었다.

1.1 겔의 정의

겔의 어원은 라틴어의 gelatus(얼다)로서, 콜로이드 용액의 "sol"이 냉각되어 고형물로 된 것을 의미하는 것으로, 「한천」 등이 바로 겔이다. 「신판 고분자사전」에 의하면, 겔이란 「모든 용매에 불용의 삼차원 그물구조를 가진 고분자 및 그 팽윤체로서, 고체와 액체의 중간 물질 형태로, 그 화학조성이나 여러 가지 요인에 의해 점성이 있는 액체에서부터 꽤 딱딱한 고체로까지 변화한다」라고 되어 있다.

또, 겔화는 가교구조에 의해 초래되나, 가교구조의 생성은 화학반응에 의할 필요는 없고, 서로 다른 사슬의 특정 단위 사이의 수소결합과 같은 이차 결합력에 의해서도 가능하다고 여겨지고 있다. 즉, 겔은 삼차원 그물구조를 가진 고분자로서 용매를 함유하여 팽윤된 상태의 것을 말하고, 그 그물구조의 결합방정식이나 겔의 형상은 임의의 것이 된다.

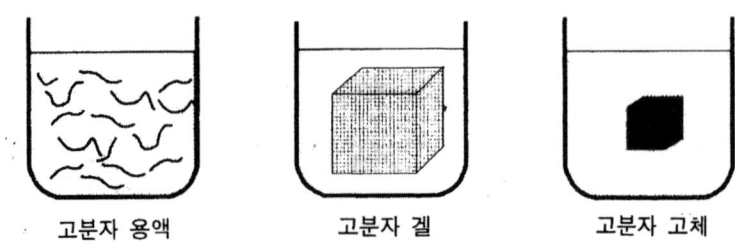

고분자 용액   고분자 겔   고분자 고체

그림 2. 2. 1 고분자 용액, 겔, 고체의 개념도
(출전 : 荻野―善 외 저, 「ゲル」, 産業圖書)

　선상 또는 분기고분자를 용매 중에 넣으면 점차적으로 용매를 흡
수해서 팽윤하고, 최후에는 개개의 고분자가 완전히 용매 중에 분산
된 상태가 된다. 그것에 대해서 삼차원 그물구조를 가진 가교 고분자
에서는, 용매와의 상호작용에 의해서 어느 정도까지는 팽윤하지만,
가교구조를 가지기 때문에 유한의 팽윤성을 나타내게 되는데, 이것
을 겔이라고 한다. 한편 고분자 고체는 그것의 계면이 용매로 적셔지
는 것 이외에는 용해나 팽윤이라는 용매와의 상호작용은 전혀 없다.
　겔은 이와 같이, 용액(콜로이드 졸을 포함)이나 고분자 고체와는
구분된다. 이것은 절대불변의 것이 아닌 온도, 기압, 기계적 압력,
pH 등의 환경조건의 변화에 의해 겔이었던 것이 졸이 된다든지 또
는 고체나 용액이 된다든지 한다.
　예를 들어 우리들의 식생활에서 익숙한 「한천」과 「곤약」을 예로
들면, 양쪽 다 상온에서는 겔이지만, 한천은 그 가교결합력이 약하기
때문에 열을 가하면 가교결합이 끊어져서 용액 또는 졸이 된다.
　반면, 곤약은 결합력이 강하여 100℃ 정도의 온도에서는 결합이
끊어지는 일 없이 겔 상태를 유지한다.
　즉, 곤약은 「오뎅」의 재료가 되지만, 한천은 「오뎅」으로 먹을 수는

없는 것이다.

이와 같이 겔은 「점성이 있는 액체에서부터 꽤 단단한 고체」까지 포함되며, 또 「삼차원 그물구조의 형성도 화학결합에 관계없는 임의」의 것이 포함되기 때문에, 그 특성도 극히 범위가 넓어지는데, 위에서 서술한 곤약과 한천의 예는 겔 SPE 전지에 있어서는 상당히 중요한 것이다. 전지는 매우 넓은 범위의 온도에서 사용된다. 따라서 겔은 $-20 \sim 120℃$ 정도의 온도 범위에서 겔상태를 유지할 필요가 있다.

겔 SPE에도 여러 종류가 있다. 그러나 발표 내용에 이온전도도는 기재되어 있어도 그 형태 물리적 특성에 대해서는 self-supporting이라는 한마디로 정리되어 있을 뿐, 어느 정도의 환경 변화 중에 self-supporting 인가는 서술되어 있지 않다. 따라서, 그것이 과연 전지용 겔 SPE로서 적격인가 아닌가를 판단하기가 어렵다는 것이 현실이다.

1.2 겔의 분류

겔은 그 「구성하는 상과 용매」, 「구성 고분자의 종류」, 「그물의 형성방식」, 「크기」에 따라 표 2.2.1에서와 같이 분류된다. 겔 SPE 전지의 대상이 되는 것은 당연 오르가노 겔이다.

겔 SPE라고 칭하고 있는 것이 유기고분자 겔이라는 점은 당연히 각 회사, 연구소에서 공통이지만, 겔의 특성에는 커다란 차이가 있다.

겔의 크기는 분자간 다리를 놓아 가능한 한 매크로 겔이어야 하지만, 다리를 놓는 반응의 과정에서 분자 내부에 다리가 놓아짐으로써, 미크로 겔이 생기는 경우가 있다. 미크로 겔은 겔의 균일성을 손상시키므로 바람직하지는 못하다.

표 2.2.1 겔의 분류

구성하는 상과 용매	고상-액상	하이드로 겔 : 물 오르가노 겔 : 유기용매 리포 겔 : 유성용매 알코 겔 : 알코올
	고상-기상	키세로 겔 : 공기 아에로 겔
	고상-고상	폴리머 겔 : 폴리머 겔 고무
구성 고분자	천연 겔	단백질 겔 다당 겔
	합성 겔	유기고분자 겔 무기 겔
그물구조의 형성	공유결합	
	분자간 결합	쿨롱력 수소결합 배위결합
	물리적 결합	
크기	미크로 겔	(분자내 가교구조)
	매크로 겔	(분자간 가교구조)

(출전 : 荻野一善 외 저, ゲル, 産業圖書, 1991)

합성고분자 겔이 목적에 맞게 합성되기 위해서는, 삼차원 그물구조의 제어가 중요하다.

삼차원 그물구조의 형성은 화학결합인지 분자간 결합인지에 따라 표 2.2.2에서와 같이 분류된다.

화학결합에 의한 그물구조는 열, 빛, 방사선, 플라즈마 등의 에너지를 이용하지만, 이것은 중합시에 다리를 놓는 방법과 직쇄 고분자를 우선 합성한 후 다리를 놓는 방법으로 나눌 수 있다.

수소결합, 정전기결합, 소수(疏水)결합에 따라 분자간의 다리놓기

표 2.2.2 겔 합성법의 종류

분　　류		방　법	예
공유결합	중합과 동시에 가교	열중합	각종 비닐 모노머와 디비닐 화합물
		광중합	
		방사선중합	
		플라즈마중합	아크릴산, 메타크릴산 등
	고분자 사슬 뒤에 가교	열가교	수산기를 가지는 폴리머와 알데히드, N-메티롤 화합물, 디카르본산
		광가교	PVA-2-옥사졸린류
		방사선가교	폴리에틸렌, 폴리불화비닐리덴
		플라즈마가교	폴리에틸렌, 폴리테트라플로로에틸렌
고분자간의 분자간 결합가교	수소결합	혼합, 동결 해동	PVA 고분자간 콤플렉스(PAA-PVA)
	정전적 결합	혼합	고분자간 콤플렉스(PVBTMA-PnaSS)
	소수결합	혼합	고분자 이분자막, 고분자 리보솜
다가금속에 의한 분자간 가교		킬레이트 반응	PVA-Cu$^+$, 아크릴산-Fe^{3+}

(출전 : 荻野一善 외 저, ゲル, 産業圖書, 1991)

는 가능하지만, 응집, 감김 등의 물리적 네트워크에 의한 유사한 다리놓기에서도 겔은 형성된다.

그러나 각종 환경변화를 견디어 겔 상태를 유지하기 위해서는 강한 다리놓기가 필요하며, 이런 점에서 공유결합이 최선책이라고 할 수 있다.

1.3 겔 안의 고분자와 용매의 관계

고분자 겔 안에서는 네트워크의 고분자와 이것을 팽윤시키고 있는 용매와의 강한 상호작용이 있다. 애석하게도 이 책의 주제인 합성고분자 오르가노 겔에 대해서는 아직 많은 정보가 없지만, 하이드로 겔에 대해서는 많은 연구결과가 있다.

성인 체중의 60%는 물이다. 그 물은 체내의 고분자인 단백질과의 관계에 대해서 그림 2.2.2에서와 같이 3종류로 분류된다. A상은 단백질 고분자에 직접 접하고 있는 물이다. 물분자가 단백질에 단단히 붙어 있으므로 움직이기가 힘들고, -196℃에서도 얼지 않는 물로서 부동수라고 불려지며, 일반 생물체내의 물 중 약 10%를 점하고 있다. 단백질 1g당 0.35g 정도에 상당한다.

C상은 일반적인 물로서 당연히 0℃에서 어는 것으로, 이것 역시 10% 정도를 차지한다. B상은 이 중간 상태로서, -10~-20℃ 까지 얼지 않는 것으로 약 80%를 점유한다. 체내의 물 구조나 특이성은 생명과학과도 관련되므로 중요하다.

예를 들어 시베리아에서는 겨울철 기온이 -60℃까지 내려가지만, 이러한 추위 속에서도 동물과 식물이 얼지 않고 생명을 유지할 수 있는 것은, 이 물과 고분자 네트워크의 상호작용에 의한 것이라고 생각할 수 있다.

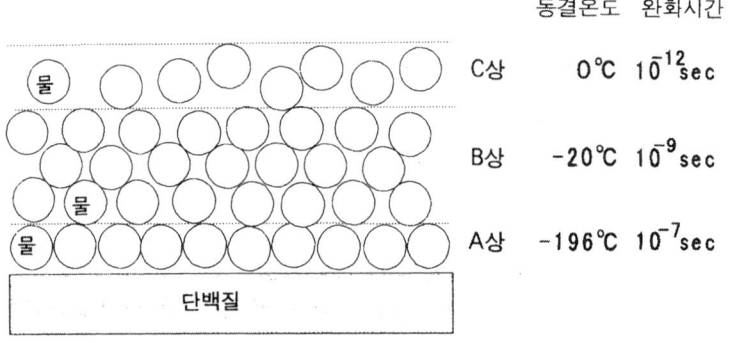

그림 2.2.2 겔 속의 물 상태

(출전 : 上平恒, 季刊化學總說, 8, 114, 1990, 日本化學會編, 學會出版센터)

물은 병진운동이나 회전운동을 하고 있지만, 물이 A상, B상, C상의 어느 것에 속하는가에 따라서 그 운동 속도가 달라진다.

A상에서는 10^{-7}초, B상에서는 10^{-9}초, C상에서는 10^{-12}초 정도의 속도로서 병진이나 회전운동으로 변화하고 있다.

이와 같은 A상의 부동수(속박수)나 B상의 반(半)속박수를 겔 SPE에 대응시켜 보면, 가소제의 유기용매가 호스트 폴리머에 속박을 받아 보통 자유스러운 용매와는 다른 거동을 나타낼 것이라 생각되는데, 이러한 속박량이 큰 폴리머가 좋은 겔 SPE를 형성하는 것이라 생각된다.

폴리머의 종류에 따라 속박량이 다른 좋은 예가 일회용 기저귀 재료이다. 일회용 기저귀에 사용되는 소재는 미국 농무성에서 발명한 전분/아크릴로니트릴 그라프트 중합체의 가수 분해물로부터 생성된 것이다.

이 재료와 다른 수용성 고분자와의 결합수량을 표 2.2.3에 나타내었으나, 일회용 기저귀의 소재는 다른 재료의 2배에서 3배의 결합수를 가지고 있어, 폴리머의 종류 중에서 속박수의 양이 크게 다른 것을 알 수 있다.

표 2.2.3 수용성 고분자와 고흡수성 지방의 결합수 및 반결합수

폴 리 머	결합수 g H₂O/g polymer
전분/폴리아크릴계 폴리머	1.18
폴리비닐알코올	0.62
폴리에틸렌옥사이드	0.31
폴리아크릴아미드	0.50
메틸셀룰로오스	0.39

(출전 : 增田房義, 季刊化學總說, 8, 52, 1990, 日本化學會編, 學會出版센터)

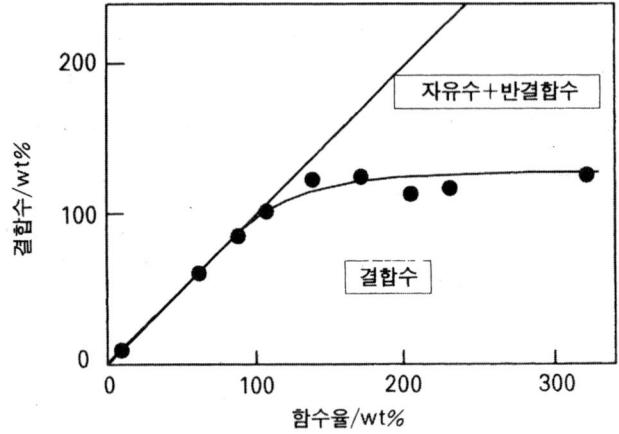

그림 2.2.3 전분/아크릴산 그라프트 중합체 중 결합수
(출전 : 增田房義, 季刊化學總說, 8, 52, 1990, 日本化學會編, 學會出版센터)

용매에 대한 속박량이 많은 폴리머 네트워크로 된 겔 SPE일수록 용매가 상분리하여 새어나오지 않고, 이상적인 폴리머전지가 실현되어 질 것이다.

전분/아크릴산 그라프트 중합체에 물을 첨가하면, 그림 2.2.3에서처럼 어느 시점까지는 첨가수 모두가 결합수가 된다. 포화 결합수량에 달하는 조금 전 단계부터 자유수+반결합수가 나타난다. 이것이 자유수인지 반결합수인지 확인되어 있지는 않지만, 초기에는 반결합수라고 생각되어진다.

충분히 물을 함유하게 한 후 건조시키면 동일하게 자유수부터 먼저 건조되어, 결합수가 최후까지 남는 것도 확인되었다. 중요한 사실은 이러한 현상도 겔 SPE에 적용시킬 수 있고, 호스트 폴리머 결합용매량 이내라면 용매는 겔 내에 확실하게 유지되지만, 한계를 넘은 용매는 자유용매가 되어, 액체와 같은 거동을 나타내므로, 겔 SPE로부터 액체전해질의 영역에 가까워진다.

단백질 겔인 계란의 흰자를 건조시키면 유리상태로 전이된다. 냉장고에 방치한 계란의 흰자가 창문의 유리와 같이 딱딱한 엷은 황색의 반투명한 글라스상이 되는 것을 경험한 독자도 있을 것이다.

이와 같이, 일단 수분을 건조시킨 후 다시 수중에 침적한 경우에, 원래대로 돌아가는 경우와 돌아가지 않는 경우가 있다.

DNA 겔을 건조하면 그림 2.2.4에서처럼 체적이 1.7%로 수축하여, 이것을 복원하려 해도 28%까지밖에 돌아가지 않는다. 그런데 미리 DNA 겔에 2당류의 트레할로오스($C_{12}H_{22}O_{11}$)의 5% 액에 충분히 적신 후 건조시키면 수축 후 4.4%의 체적이 있어, 이것을 완전히 복원하는 것이 가능하다.

그 원인은 생체 고분자에 강하게 결합하고 있는 결합수가 증발하면, 물분자가 있던 곳에 트레할로오스가 들어가, 트레할로오스는 얼음 구조의 하나인 트리디마이트 구조를 가지게 되어 분자 전체를 안전하게 유지하기 때문인 것으로 생각되고 있다.

이 성질을 겔 SPE에 적용시키는 과정이 중요한데, 이와 같은 기

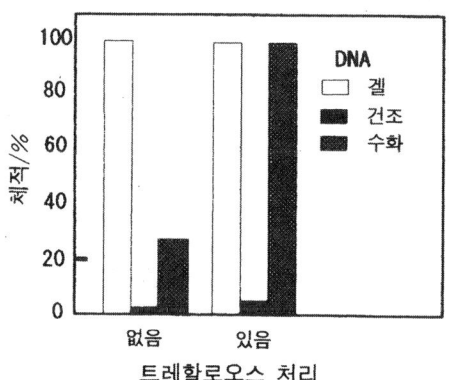

그림 2.2.4 DNA 겔의 트레할로오스에 의한 체적의 건조·수화 부활
(출전 : 澤岻英正 외, 機能性高分子ゲルの開發と最新技術, p.64, CMC, 1995)

능을 가진 호스트 폴리머가 가능하다면, 건조시킨 세퍼레이터와 같은 것에 가소제를 나중에 첨가하여 완전한 겔 SPE가 얻어질 수 있다는 것을 시사하고 있다.

2. 겔 SPE의 구조

제1장에서 서술한 것처럼, 진성 SPE의 오랜 연구에도 불구하고 이온전도도의 벽에 부딪혀, 적어도 실생활용 기기 전원의 전해질로는 현재 좌절된 상태에 있다.

이것을 타개하기 위해서 시작된 하나의 방법이 진성 SPE에 50～90%라고 하는 다량의 유기용매를 가소제로 첨가하여 SPE를 겔상으로 한 겔 SPE로의 어프로치이다. 이것에 의해 폴리머전해질은 한꺼번에 두 자리의 이온전도도 향상에 성공하였다.

이 두 자리라는 것은 어떤 의미가 있는 것일까? 그림 2.2.5는 상온에서의 각종 전해질의 이온전도도를 나타낸 것이다.

오래 전부터 사용되고 있는 수용액 전해액으로는 망간 건전지의 $ZnCl_2$ 수용액, 알칼리 건전지나 니카드 축전지의 KOH 수용액, 납 축전지의 H_2SO_4 수용액이 있는데, 어느 것이나 $10^0 \sim 10^{-1}$ S/cm

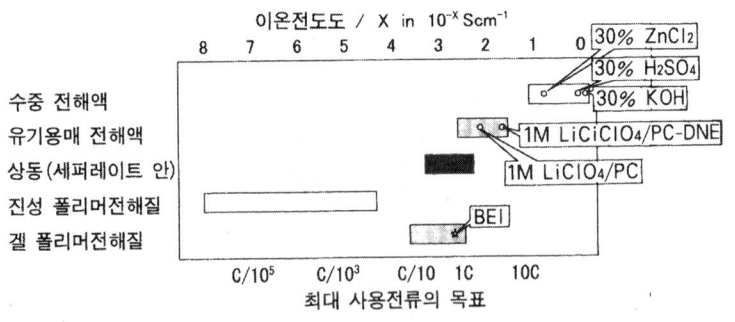

그림 2.2.5 각종 전해질의 이온전도도

의 좋은 전도도가 얻어진다.

이 정도의 전도도라면 원통형의 전극이나 격리층이 두꺼운 형태라도 0.1C, 즉 전지를 10시간 동안 사용할 수 있는 전류에 충분히 대응할 수 있으므로 니카드전지와 같이 감는 구조에서 전극을 얇게 하면 1C~10C의 방전이 가능하다.

유기용매 전해액은 10^{-2} S/cm 전후이나, 실제로 전지에 사용되는 상태는 세퍼레이터에 함유된 상태이기 때문에, 세퍼레이터가 저항이 되어 이온전도도는 원액의 1/5~1/8까지 저하된다. 이 이온전도도에서도 감는 구조의 카메라용 원통형 일차전지나 리튬이온 이차전지에서는 1C 방전이 가능하다.

그런데 진성 SPE는 초기 단계에서는 10^{-8}S/cm, 개량에 개량을 거듭해도 10^{-5} S/cm 또는 그것보다 약간 나은 정도에 그치고 있다. 이 이온전도도에서는 0.01C 방전, 즉 전지를 100시간 걸려 방전하는 것이 한계이다.

그러나 유기용매를 가소제로 첨가한 겔 SPE는 두 자리의 이온전도도의 향상이 가능하여, $>10^{-3}$ S/cm의 세퍼레이터 중의 유기용매 전해액과 같은 레벨에 달한다.

가소제를 첨가하면 왜 이렇게 이온전도도가 향상되는지를 개념적으로 그림 2.2.6에 나타내었다. 진성 SPE는 폴리머와 염으로 구성되어 있어, 꽉 낀 폴리머 사슬 안에서 이온이 점재하고 있으므로 움직임이 부자유한 상태이다.

더구나 이온은 그림 2.2.2에서처럼 폴리머 사슬의 크라운 에테르 배위로서 구속되어 있다. 그런데 이것에 유기용매를 더하면 겔화에 의해 폴리머 사슬이 느슨하게 되어, 그 공간을 다량의 유기용매가 채우는 형태가 된다.

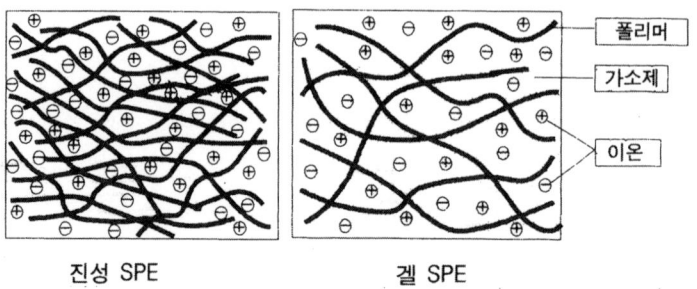

진성 SPE   겔 SPE

그림 2.2.6 진성 SPE와 겔 SPE의 구조 개념도

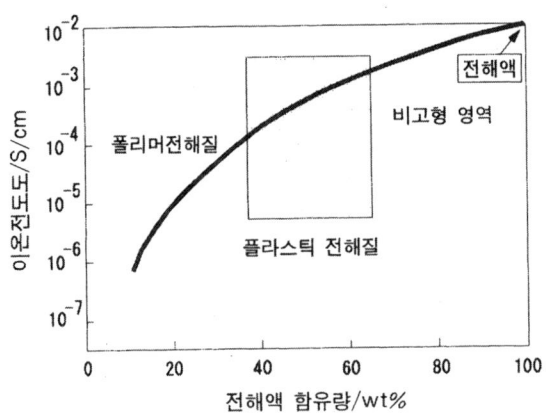

그림 2.2.7 전해액 첨가량과 이온전도도외 관계

이온의 일부는 폴리머 사슬에 구속되는 것도 있으나, 대부분은 유기용매와 용매화하여 자유롭게 되어 있다고 생각할 수 있다.

이 상태에서는 유기전해액 안과 같이 이온은 자유롭게 이동할 수 있게 된다.

그림 2.2.7은 P(VdF-HFP)의 호스트 폴리머에 전해액을 첨가한 경우의 첨가량과 이온전도도의 관계를 나타낸 것인데, 첨가량의

증대와 함께 지수함수적으로 이온전도도는 향상된다.

3. 겔 SPE의 구성 요소

겔 SPE는 호스트 폴리머, 저분자 유기물 가소제, 전해질염으로 구성되어, 액체전해질 전지계의 세퍼레이터의 기능과 이온전도 캐리어의 기능을 다하고 있다. 그 세퍼레이터로서의 기능, 이온전도 캐리어로서의 기능은 당연히 이 세 가지 구성물질의 종류, 조합, 조성에 지배된다.

3.1 호스트 폴리머

진성 SPE의 호스트 폴리머로는 폴리에테르, 폴리에스테르, 폴리아민 및 이것들의 가교체나 유도체가 사용된다. 이것들은 모두 겔 SPE의 호스트 폴리머로도 사용된다.

진성 SPE에서는 폴리머만 이온의 캐리어로서 움직이고, 겔 SPE에서 이온의 이동은 폴리머 자체도 역할을 담당하는 것이 가능하지만, 이온 이동의 주역은 가소제인 유기용매이다. 따라서, 겔 폴리머 전해질의 호스트 폴리머 선택의 여지는 진성 폴리머에서 그치지 않고 보다 넓어졌다.

최초에 겔 SPE를 제안한 Feuillade는 폴리비닐아세탈, 폴리아크릴로니트릴, 폴리불화알켄을 사용하였다[9]. 폴리아크릴로니트릴(PAN)은 Abraham도 사용하였다. Abraham은 PAN 외에 폴리염화비닐(PVC)이나 Polyethyleneglycol diacrylate(PEG DA)도 검토하고 있다[10,11].

Bellcore에서는 폴리메틸렌 메타크릴레이트, 폴리(스틸렌-아크릴로니트릴), NBR고무, 폴리초산비닐, 폴리아크릴로니트릴, 폴리

염화비닐, 폴리(염화비닐-불화비닐리덴), 폴리불화비닐리덴, 폴리
(불화비닐리덴-헥사플로로프로필렌) 등 각종 폴리머를 이용하여
겔 전해질을 제작하였고, 그 전기화학적 특성, 물리적 특성을 비교
검토해서 가장 우수성이 인정된 비닐리덴플로라이드(VdF)와 헥사
플로로프로필렌(HFP)이 공중결합한 P(VdF-HFP)를 이용한 실
용전지 개발을 진행하고 있다[12].

이것들의 직쇄형 폴리머는 겔 SPE로 사용하기 위해서는, 우선 폴
리머를 단독으로 합성하여, 그 폴리머와 다른 구성물질을 혼합하여
겔 SPE로 한다. 이것과는 별도의 어프로치로서, 아크릴레이트 모노
머를 가소제 및 염과 혼합하여, 그 뒤에 중합시킨 겔 SPE를 제작하
는 방법이 있다.

그 예로서, 일본 第一工業製藥의 Acryl-modified(USP
5356553)나 리코의 PEGMA/TMPTA(USP 5223353)가 있
다. 필자들은 세 종류의 아크릴레이트를 공중합하는 것에 의해 뛰어
난 특성의 겔 폴리머 전해질을 얻고 있다.

PEO (폴리에틸렌옥사이드) $-(CH_2-CH_2-O)_n-$

PPO (폴리프로필렌옥사이드) $-(CH_2-CH-O)_n-$
CH_2

PAN (폴리아크릴로니트릴) $-(CH-CH_2-O)_n-$
CN

PVdF (폴리비닐리덴플로라이드) $-(CH_2-CF_2)_n-$

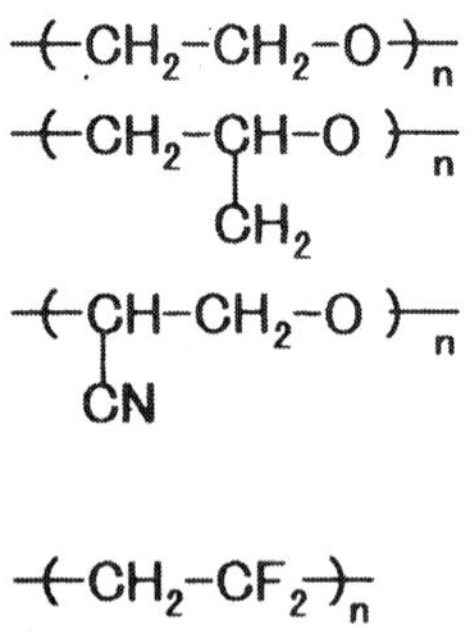

그림 2.2.8 겔 SPE용 호스트 폴리머의 예

3.2 가소제와 전해질염

가소제와 전해질염의 혼합물은 액체 전해질계의 전해액에 해당된다. 따라서, 겔 폴리머전해질의 가소제와 전해질염은 원리적으로는 유기용매 전해액과 같은 것을 사용할 수 있다. 그러나 겔 SPE 전지에서는 건조 또는 큐어의 공정으로서 가열 또는 UV 조사가 이용되는 것이 일반적이다.

특히 가열의 경우, 저비점 용제라면, 예를 들어 희석제를 건조할 목적으로 가소제가 증발한다든지, 또는 2액 혼합형의 가소제를 과잉으로 더하여 그 일부를 건조하는 경우에 저비점 가소제가 우선적으로 증발하여, 혼합비가 당초의 배합과 달라져 버린다. 이러한 것들을 피하기 위해서 고비점 용매가 사용되는 경우가 많다.

구체적으로는 EC(비점 248℃), PC(242℃)가 그 예로서, 이 두 종류의 가소제를 혼합하여 사용하는 예가 상당히 많다. 이 외에도

표 2.2.4 겔 SPE용 가소제

구 분	구체적인 예
환상 탄산에스테르	Ethylene carbonate(EC) Propylene carbonate(PC)
쇄상 탄산에스테르	Dimethyl carbonate(DMC) Ethyl methyl carbonate(EMC) Dimethyl carbonate(DEC)
환상 카르본산에스테르	γ-Buthyrolactone(GBL)
쇄상 카르본산에스테르	Methyl formate(MF) Methyl acetate(MA)
환상 에테르	Tetrahydrofran(THF)
쇄상 에테르	1,2-Dimethoxyethane(DME)

표 2.2.5 겔 SPE용 전해질염

무기 음이온	LiClO₄ LiBF₄, LiPF₆, LiAsF₆
유기 음이온	LiCF₃SO₃, LiN (CF₃SO₂)₂ LiC (CF₃SO₂)₂

GBL(206℃)도 비점인 면에서는 적절한 가소제이다.

전해질염으로서 일반적인 것은 표 2.2.5에 나타낸 무기 음이온 또는 유기 음이온의 리튬염이다. 초기에는 LiClO₄, LiAsF₆, LiBF₄, LiCF₃SO₃ 등이 많이 사용되었으나, 최근에는 LiPF₆가 가장 일반적이다.

이온전도도는 이것들의 유기용매와 염의 선택에 따라 크게 지배된다. 표 2.2.6에 각종 염의 PC 단독, PC/DME, PC/MP,

표 2.2.6 각종 염과 유기용매의 조합에 의한 이온전도도

리튬염	PC	PC/DME	PC/MP	PC/EMC
LiBF₄	3.4	9.7	5.0	3.3
LiClO₄	5.6	13.9	8.5	5.7
LiPF₆	5.8	15.9	12.8	8.8
LiAsF₆	5.7	15.6	13.3	9.2
LiCF₃SO₃	1.7	6.5	2.8	1.7
LiN (CF₃SO₂)₂	5.1	13.4	10.3	7.1
LiC₄F₉SO₃	1.1	5.1	2.3	1.3

혼합용매는 어느 것이나 1:1 mol 이온전도도는 1.0mol dm⁻³, 25℃, mS/cm

(출전 : 宇惠誠, 高性能二次電池における材料技術とその評價·應用展開,
技術情報協會, 1998)

표 2.2.7 이온전도도에 미치는 EC/PC비의 영향

EC : PC비	이온전도도/Scm^{-1}
100 : 0	5.0×10^{-4}
75 : 25	7.35×10^{-4}
50 : 50	8.43×10^{-4}
25 : 75	9.77×10^{-4}
0 : 100	2.25×10^{-3}

PC/EMC 중에서 전해액으로서의 이온전도도를 나타내었다[13]. 높은 이온전도도의 염은 LiPF$_6$, LiAsF$_6$이고, 그 다음은 LiClO$_4$, LiN(CF$_3$SO$_2$)$_2$로서, 용매계로서는 PC/DME가 우수하다.

표2.2.7은 에틸렌글리콜 디메타크릴레이트를 호스트 폴리머로 하고, LiAsF$_6$를 전해질염으로 한 경우의 용매인 EC와 PC 비율의 영향을 나타낸 것인데, PC가 많을수록 높은 이온전도도가 얻어진다[14]. 한편, EC/PC비의 다른 데이터로는 그림 2.2.9가 있다[15].

이 경우 호스트 폴리머는 PAN이나, 상온에서는 EC/PC비에 관계없이 이온전도도는 거의 일정한 값이다. 이와 같이, 용매의 영향은 호스트 폴리머의 종류에 따라서도 변한다. 또한 저온에서는 EC가 90% 되면 이온전도도가 저하하는데, 이것은 EC가 응고하기 때문이다. 표 2.2.8은 용매의 변화에 따른 이온전도도에 대한 영향의 예로서, PEO계의 호스트 폴리머와 LiAsF$_6$ 전해질염의 경우 EC/PC를 기준으로 하면 EC/DEC와 같은 레벨이나, DMC나 Triglyme의 사용에서는 이온전도도가 저하한다[16].

염농도도 이온전도도에 영향을 준다. PEO계 폴리머를 사용해서, LiAsF$_6$/PC계 전해액의 경우, 그림 2.2.10의 예에서처럼 0.08몰/kg에 대하여 0.84몰/kg에서는 약 1자리 정도의 이온전도도가 향

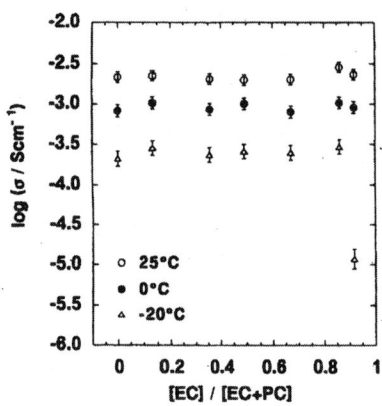

그림 2.2.9 PAN계 겔 SPE의 EC/PC비와 이온전도도의 관계
(출전 : 明石寬之, ポリマーバッテリーの最新技術, CMC, 1998)

상되지만, 2.52몰/kg까지 농도를 올리면 이온전도도는 역으로 저하하는데, 특히 저온에서 현저히 저하된다[17].

  호스트 폴리머와 전해액량의 관계도 중요하다. 그림 2.2.7에 P(VdF-HFP) 폴리머, $LiPF_6$/EC : PC계 전해액에서의 전해액량과 이온전도도의 관계를 나타내었으나, 전해액량의 증가와 함께 지수함수적으로 이온전도도는 향상하므로 40%와 70%에서는 약 1자리의 차이가 난다.

표 2.2.8 용매종의 이온전도도에 미치는 영향

용매계	혼합비	이온전도도/Scm^{-1}
EC+PC	50 : 50	2×10^{-3}
EC+DEC	50 : 50	2×10^{-3}
EC+DMC	50 : 50	3×10^{-4}
EC+Triglyme	50 : 50	5×10^{-4}

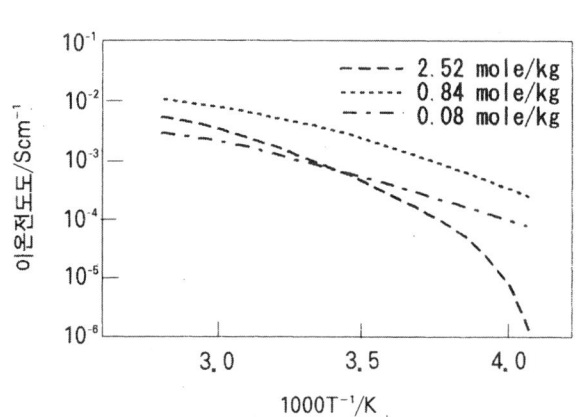

그림 2. 2. 10 염농도와 이온전도도의 관계

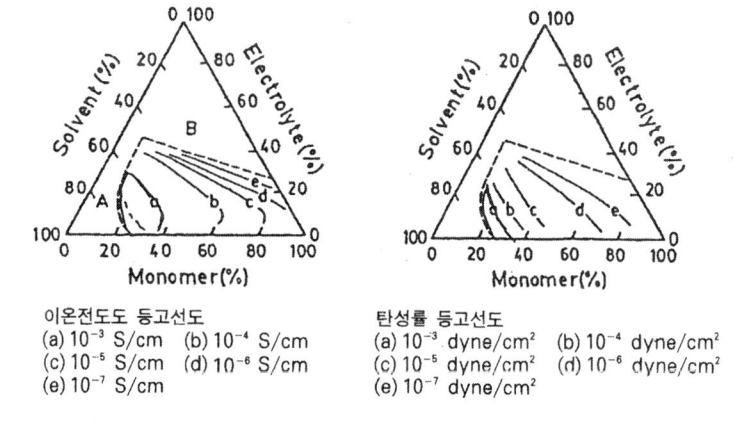

이온전도도 등고선도
(a) 10^{-3} S/cm (b) 10^{-4} S/cm
(c) 10^{-5} S/cm (d) 10^{-6} S/cm
(e) 10^{-7} S/cm

탄성률 등고선도
(a) 10^{-3} dyne/cm² (b) 10^{-4} dyne/cm²
(c) 10^{-5} dyne/cm² (d) 10^{-6} dyne/cm²
(e) 10^{-7} dyne/cm²

그림 2. 2. 11 3성분계의 이온전도도와 탄성률에 미치는 영향

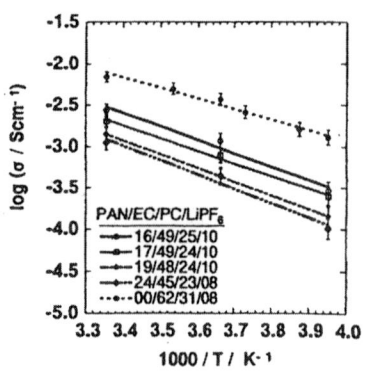

그림 2.2.12 PAN 함량과 이온전도도의 관계

그러나 이 계의 경우, 70%보다 많은 전해액을 첨가하면 전해질은 자립성이 없어져 유동체로 되어 버린다.

그림 2.2.11은 전해질-용매-호스트 폴리머의 3성분계 그림에 이온전도도와 탄성률을 나타낸 것으로, 용매의 증가와 함께 이온전도도는 향상되지만, 역으로 탄성률은 크게 저하된다[18]. 용매 또는 전해액을 다량으로 보존유지하는 한편, 겔로서 견고한 것이 이상적인 겔 전해질이라 할 수 있다.

그림 2.2.12는 PAN계에서의 EC/PC-LiPF$_6$계 전해액 사용시의 PAN 함량과 이온전도도의 관계를 나타낸 것이다[14].

3.3 겔 SPE에 요구되는 특성

뛰어난 특성의 겔 SPE를 달성하기 위해서는 SPE에 어떤 특성이 요구되는가를 정리하여 표 2.2.9에 나타내었다.

전기특성에서는 이차전지의 사용 조건이 0.1~1C의 대전류이기 때문에, 이 전류값에서 100%에 가깝게 방전효율을 나타내는 것이 우선 제1의 조건이다.

그 때문에 상온에서의 이온전도도가 10^{-3} S/cm 이상이어야 한다
는 것이 절대조건이다. 또 저온에서 사용될 수도 있기 때문에, -20
℃에서 0.2C 방전율로서 용량의 30% 이상을 끄집어 낼 수 있다는
것을 상정하면 -20℃에서의 이온전도도는 10^{-4} S/cm 이상이 요
구된다. 물론 이 온도에서 10^{-3} S/cm가 달성되면 그보다 나은 것은
없다. 전위창도 중요하다. 리튬이온계에서는 충전전압이 4.1 또는
4.2V이기 때문에, 이 전위 이하에서 구성물질이 분해되는 것은 논
외로 한다.

5.5V까지를 요구조건으로서 한 것은, 충전 제어회로에 고장이 생
길 경우에도 견딜 수 있는 것으로 적합하기 때문이지만, 현재로서는
달성하기 불가능할 것이다. 특히 이 전압에서 대량의 가스가 발생하
는 것은 안전상 커다란 문제가 된다.

전극계면에서 양극-SPE, 음극-SPE의 인터페이스에 대해 전면

표 2.2.9 겔 SPE로의 요구특성

항 목	조 건	요구특성
이온전도도	상온	$>10^{-3}$S/cm
	-20℃	$>10^{-4}$S/cm
전위창		>4.8V, 권하고 싶은 것은 5.5V
계면 인터페이스		100%의 접촉보호
안정성	온도	$-20\sim100$℃에서 겔 상태 유지
	상온 유지	>5년, 권하고 싶은 것은 10년
기계적 강도	작업성	감는 작업을 견뎌내는 강도
	덴드라이트	성장억제력이 높을 것
환경		생산, 사용, 폐기, 소각에서 문제가 없을 것
코스트		SPE<세퍼레이터+전해액

이 균일하게 접촉되어 있지 않으면 계면저항이 높아져, 양호한 전지 특성을 얻을 수 없다. 인터페이스에서의 접촉은 양극이나 음극의 표면특성에도 영향을 받지만, SPE에 의한 영향이 크다고 생각된다.

안전성은 여러 가지의 환경에서 장기간에 걸쳐 초기특성이 보존유지되는 것이다. 특히 온도의 영향이 커지면, 고온에서는 SPE의 종류에 따라서는 용해되어 자립성이 없어져서 내부 단락을 일으키는 것도 있다. 용해되지 않더라도, 유동성을 띄면 동일한 결과가 나오게 된다. 또, 고온에서 호스트 폴리머와 가소제가 상분리되는 것도 자주 일어나는 현상이다.

상분리가 일어나면, 결국 겔 SPE로서의 기능이 없어진다. 온도로서는 100℃까지가 절대적으로 필요하지만, 150℃를 지나도 상온으로 돌아오면 제대로 기능하는 것이 바람직하다. 저온에서는 같은 결과에 대해 그것에 유래하는 상분리가 문제시 된다. 기간으로서는 상온(10~30℃)에서 최저 5년, 바람직하게는 10년 동안, 초기특성을 대부분 유지하는 것이 필요하다.

각 구성재료는 화학물질에 의해 산화 또는 환원되는 물질이 있기 때문에, 전기화학 산화반응 외에 구성물질간에서 화학적 산화환원이 일어날 수도 있다. 따라서 구성물질의 조합에서 배려할 필요가 있다.

작업성에 관련하여 강도도 중요한 인자이다. SPE를 제작한 뒤에는 이것을 감는 공정이 들어가는 것이 일반적이나, 감는 작업에는 텐션(장력)이 걸린다. 상당히 강한 텐션을 견디어 낼 강도가 필요하다. 감은 것을 조립하기 위해서 풀 때도 같은 상황이 벌어진다.

조립할 때에는 전극을 감거나, 쌓거나, 접어서 전극면적을 크게 하는 것이 일반적이나, 이러한 작업과정을 감안할 때 끈기가 있는 SPE일 필요가 있다.

　작업성과는 별도로 안전성면으로부터 덴드라이트의 성장 억제를 위해서 강도가 요구된다. 이것은 리튬음극 사용에서의 절대조건인데, 리튬이온계에서도 먼저 서술한 것처럼 과충전시에 리튬이 석출되기 때문에 과충전의 안전대책으로서 중요하다.

　진성 SPE에서는 리튬이 석출되어도 덴드라이트 성장을 통하여 내부 단락이 일어나지 않는 것과, 겔 SPE에서는 겔의 강도가 강할수록 혹독한 조건에서도 덴드라이트의 성장이 억제되는 것이 확인되어 있다.

　환경문제가 심각해진 지금, 생산, 사용, 폐기, 소각의 모든 과정에 대해서 환경 친화적인 재료가 요구되는 것은 물론, 자원적으로도 풍부하고 어떠한 큰 제약도 없다는 것이 중요하다.

　위에서 말한 모두를 종합하여, SPE의 코스트가 리튬이온 전지의 세퍼레이터보다 낮을 것과 작업성, 물건 제작시 원료의 낭비 등을 포함하여 제품으로서 코스트가 상승하게 되는 요인은 반드시 피해야 할 것이다.

4. 여러가지 겔 SPE의 제조방법

진성 SPE의 구성물질은 폴리머와 염이므로, SPE의 제조방법은 간단하다. 폴리머와 염 양쪽에 대해 용해성이 있는 유기용매에 이것들을 용해시켜서, 이것을 틀에 넣고 유기용매를 가열 또는 감압 등의 방법에 의해 완전히 건조시키면, 유기용매와 수분을 포함하지 않는 폴리머전해질이 얻어진다.

겔 SPE에서는, 구성물질에 100℃부터 250℃ 정도의 비점을 가진 저분자 유기용매를 포함하고 있기 때문에 조금 번거롭다. 수분과 희석용매를 전혀 함유하지 않고, 어떤 원하는 양의 유기용매를 확실히 포함하는 필름을 얻기 위해서 여러 가지 방법이 제안되어 있다.

한편, 겔 구성면에서도 여러 가지 방법이 있다. SPE 전지에는 2종류가 있다는 것을 제1편 제1장에서 서술하였는데, 실제로는 조금 더 복잡하며, 폴리머 및 유기용매를 사용하는 전지는 격리층/전해질로서 분류되어 그림 2.2.13에 나타낸 체계로 되어 있다.

A의 액체전해질형의 소용매형은 현재의 일반적인 리튬이온 이차전지 타입으로, 폴리에틸렌이나 폴리프로필렌의 폴리올레핀계 다공성 필름 세퍼레이터에 유기용매 전해액을 함유한 것이지만, 폴리올레핀은 전해액에 사용되는 유기용매와의 친화성이 떨어지고, 액이 세퍼레이터로부터 유리된 것 같은 상태로 되어 있다. 이것은 당연히 액체전해질 전지로서 인식되고 있다.

액체전해질형에서도 B는 격리층에 PVdF 또는 그 공중합체를 사용한 것으로, 유기용매와 친화성이 강하고, PVdF계는 초미공성 필름을 형성하는 것이 가능하므로, 유기용매는 호스트 폴리머에 강하게 속박된다. 그러나 무언가 특별한 처리를 하지 않는 이상, 이 상태

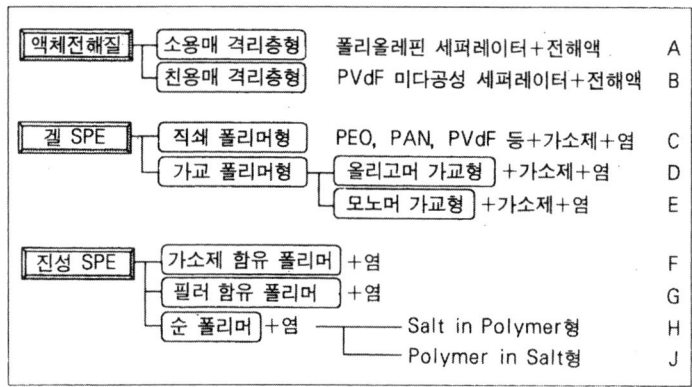

그림 2.2.13 격리층/전해질에서의 전지 분류

는 겔이 아닌, 미크로적으로는 폴리머층과 유기용매가 각자 존재하는 것이 된다.

따라서, 액체전해질로서 분류되어야 하지만 겔 SPE 전지와 비슷한 형상의 외장을 한 전지가 만들어지고 있어, 이것을 겔 SPE 전지의 분류에 넣는 사람이 많은 것 같다. 본 서에서는 이 계를 유사 겔 전해질 전지로서 겔 SPE 전지와 함께 소개하지만, 겔 SPE 전지의 본질론에 접할 때에는 구별해서 생각하여야 한다.

겔 SPE는 호스트 폴리머와 가소제와 전해질염으로 구성되나, 그 호스트 폴리머의 사용재료나 제작방법에 따라 3종류로 분류된다. C의 PEO나 PAN 등의 직쇄형 호스트 폴리머를 사용한 것은 폴리머 사이의 결합이 물리적인 얽힘이거나 약한 수소결합으로, 겔 구조는 붕괴하기 쉬운 것으로 되어 있다.

PVdF도 미리 단독의 필름을 작성하는 것이 아니라, 가소제 및 염과 혼합처리를 하는 것에 의해, 이 분류에 속하는 겔 SPE가 얻어진다. D와 E는 말단기에 이중결합을 가진 올리고머나 저분자 모노머를 이용하여 가소제, 염과 혼합한 후 *in situ* 중합함으로써 화학결합에 의한 가교구조의 폴리머를 얻는 것으로, 유기용매와의 친화성이 강한 재료를 선택하면, 넓은 환경조건에 있어서 안정한 겔 구조를 유지하는 것이 가능해지므로, 기계적으로도 강하며 우수한 SPE가 얻어진다. 이것이 진정한 의미의 겔 SPE라고 할 수 있다.

친용매격리층형 액체전해질과 겔 SPE를 음식에 비유한다면, 친용매격리층형은 「순두부」, 직쇄 폴리머형은 「한천」, 가교 폴리머형은 「곤약」에 해당된다. 요리된 순두부는 그대로 두면 물을 흠뻑 머금고 있으나, 간단히 물을 짜낼 수 있다.

한천은 상온에서는 견고한 겔이지만, 80℃ 이상에서는 녹아버린다. 이것과 달리, 곤약은 끓는 물에 넣어도 아무런 반응도 하지 않고 겔 구조를 유지한다.

진성 SPE 중 H와 J의 순폴리머는 폴리머와 염으로만 구성되어 있고, 다른 것은 이온전도도를 향상시키기 위해 G에서는 무기 필러를, F에서는 가소제를 첨가한 것이다. 이 경우, 가소제 첨가량은 10%를 전후해서 겉으로 보기에는 진성 폴리머와 똑같기 때문에, 이른바 드라이 SPE 타입으로서 분류된다. 아래 그림 2.2.13에 각종 겔 SPE의 제작 예를 소개한다.

4. 1 친용매격리층형

SAFT America에서는, 리튬이온 액체전해질 전지의 세퍼레이터로서, 소용매형 폴리올레핀 세퍼레이터를 대신하는 친용매형 세퍼레이터로 미공성 PVdF 세퍼레이터를 개발하였다[19].

제작법은 상분리법에 의한 것으로, 우선 PVdF를 용해할 수 있는 용매에 용해하여 캐스트한다.

그림 2.2.14 SAFT의 PVdF막의 SEM 사진

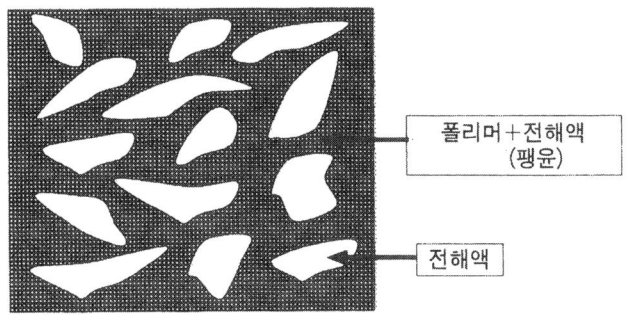

폴리머+전해액
(팽윤)

전해액

그림 2.2.15 막 중 전해액의 분포상태

다음으로 이것을 앞에서 서술한 용해성 용매와 친화성이 있으면서 PVdF 용해성은 없는 고비점 용매 중에 침지(浸漬)시켜, 이것을 증발 건조한다. 증발건조 공정에서는 비점의 차로부터 용해성 용매가 우선적으로 증발하고, 비용해성의 용매비가 높아져 그 결과 PVdF가 침전하게 된다.

얻어진 PVdF 막은 두께 $20\mu m$, $0.1 \sim 1\mu m$의 세공을 가지는 그림 2.2.14의 형태로서, 공공률은 60%에 달한다. 폴리올레핀 필름에서는 30%대이므로, 공공률은 $1.5 \sim 2$배에 달한다.

이것에 전해액이 함유되면 그림 2.2.15와 같이 전해액의 일부는 PVdF를 팽윤시키고, 일부는 공공부에 충진된다.

공공부에 충진된 전해액은 세공구조와 PVdF의 친용매성으로 인해, 상당히 안정적으로 막 안에 유지된다. 그러나 이것은 겔이 아닌 순수한 액체이다. 실제로는 막을 단독으로 제작하는 것이 아니라, 전극 상에서 캐스트하여 막을 제작하고, 양 전극을 접합한 후 전해액을 적시고 있다. 막의 저항은 폴리올레핀막의 1/4로 우수하나, 전지특성에 있어서 1C 레이트 방전용량은 0.2C의 80%, 2C에서는 50%로, 뛰어나다고 할 수는 없다.

Bellcore는 불화비닐리덴과 6불화프로필렌의 공중합체인 P(VdF−HFP)를 사용하고 있다. 그 제조공정은 그림 2.2.16과 같은데, P(VdF−HFP) 코 폴리머와 가소제인 디부틸프탈레이트(DBP)와 실리카 입자 및 용제인 아세톤을 혼합하고, 온도를 높여

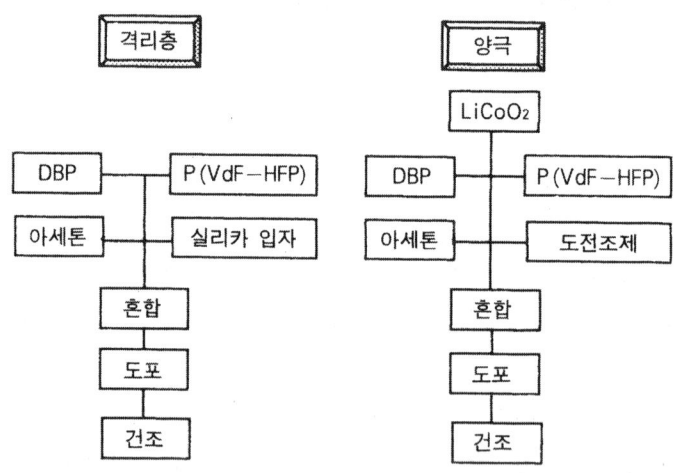

그림 2.2.16 Bellcore 막의 제조공정

P(VdF-HFP)를 용해한다.

이것을 유리판 위에 캐스트한 후 우선 희석제를 건조해서 막을 얻는다. 다음으로 그림 2.2.35(p118)에서 설명할 후공정에서는 디부틸프탈레이트 추출액으로 DBP를 추출해서 미공성 필름으로 한 후 LiPF$_6$/EC : DMC를 적신 폴리머전해질을 얻는다.

Bellcore가 일단 가소제를 함유시켜 캐스트하여 건조하는 것은, 다시 전해액을 적실 때에 흡수가 잘 되어 완전한 겔이 된다고 알려져 있으나, 과연 어디까지가 완전한 겔인지 의문인데, 아마 SAFT의 경우와 같이 친용매성 미공 필름이 전해액을 안고 있는 상태일 것이다. 이온전도도는 10^{-3}S/cm 정도로 겔 SPE와 같은 레벨이다.

Bellcore에서는 격리막만이 아니라 전극도 그림에 기재한 것처럼 비슷한 공정으로 유사 겔 구조를 만든다. 이것은 SAFT의 전극이 완전한 액체전해질인 것과 크게 다른 점이다.

SAFT와 Bellcore의 상이점 중 또 하나는, 전자가 PVdF 호모 폴리머인 것에 대해서 후자가 6불화프로필렌과의 코 폴리머를 사용한 것이다. 6불화프로필렌은 PVdF에 유연성을 주는 한편, 융점을 내리는 작용이 있어, 융점 170℃의 PVdF에 HFP 6%를 공중합하면 155℃, 12%의 경우는 138℃로 저하하고, 25%를 공중합하면 액체가 된다.

따라서 HFP 공중합량은 12%가 한계로 되어 있다. 또 이것에 1M LiPF$_6$-EC/DEC 전해액을 적셨을 때의 전해액량과 이온전도도의 관계를 앞의 그림 2.2.7(p82)에 나타내었는데, 문제는 전해액이 65% 이상이 되면 고형을 유지하는 것이 불가능하다는 것이다. 그 때문에 전해액량은 50% 전후로 하고 있으나, 그림은 상온의 결과로, 50% 전해액량에서도 그다지 높지 않은 온도에서 액화하는 것이라 생각된다.

4.2 직쇄 폴리머형

최초의 겔 SPE의 개념을 주장한 것은 Feuillade이다. 그는 리튬 일차전지의 연구가 활발해지기 시작한 1975년에, 염화아연형 망간 건전지가 젤라틴, 폴리에틸렌글리콜, 폴리비닐알코올을 사용한다든 지, 납 축전지가 실리카나 알루미나 겔을 사용하여 전해액을 고정화 하고 있는 것과 같이, 리튬전지의 유기용매 전해액도 고정화해야 한 다고 생각했다[8].

그는 호스트 폴리머에 폴리비닐아세테이트, 폴리아크릴로니트릴, 폴리불화알켄을 사용하고, 프로필렌카보네이트(PC)를 용매로, 과 염소산리튬을 지지염으로 사용해서, 10^{-3}S/cm 레벨의 겔 SPE를 얻었던 것으로 추측된다. 구체적인 처방, 이온전도도는 보고되어 있 지 않고, 또 전지로서의 구체적 적용 예도 나타나 있지 않다.

겔 SPE를 실제로 이차전지에 적용하여, 그 가능성을 나타낸 것은 1990년 전후 EIC의 Abraham과 Gould의 North이다.

EIC의 Abraham은 호스트 폴리머의 PAN 0.25g 및 염인 LiClO₄ 0.25g과 가소제 EC/PC 4.8g을 혼합한 후 캐스트하고, 감압하에 120℃ 12시간 건조하여 120μm 두께의 필름을 얻고 있 다[10]. 필름으로 된 시점에서 PAN과 염의 양은 원래대로이나, EC/ PC는 1.58g으로 되어 있다. 즉, 4.8g 중 3.22g을 건조시켜서 최 종조성을 얻고 있는 것이다.

스타트 시점의 혼합물은 상당히 점도가 높고, 취급이 어렵다고 생 각된다. 또 4.8g을 넣어 정확히 1.58g의 최종제품을 얻기는 상당 히 어려울 것이다. EC의 비점은 248℃, PC는 241℃로서 비교적

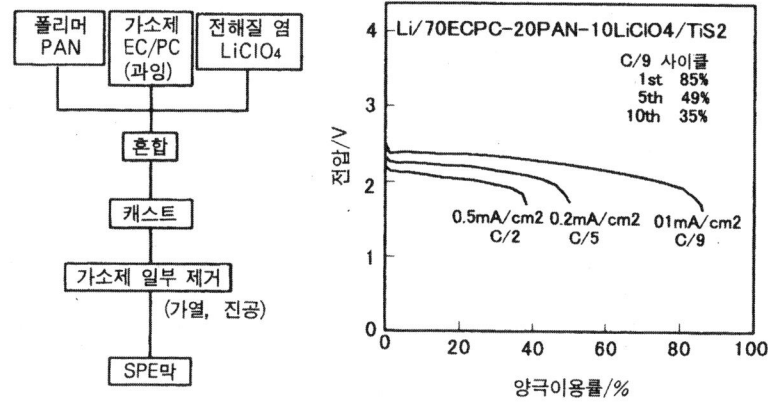

그림 2.2.17 EIC의 겔 SPE의 제조공정과 전지 적응 예

가까운 것이지만, 그것도 넣는 시점과 최종제품 사이에는 EC와 PC 의 조성에 차이가 생길 것이다.

이 막으로서 이온전도도 1.7×10^{-3}S/cm를 달성했지만, 그림 2.2.17과 같이, TiS_2/Li 전지에서의 부하특성은 0.5C/0.11C가 40%, 사이클특성은 10회로서 최초용량의 40%라고 하는 뛰어난 것이 아니었다. 그러나 약 10년 전쯤 겔 SPE 전지의 가능성을 나타 낸 것은 높이 평가되어진다.

Gould의 North는 희석제를 사용하였다[20]. 최종적으로 PEO : $[2EC : 2PC]_{20}$: $LiClO_4$의 조성이 이루어지도록 이것들의 재료를 혼합하여, 대량의 아세트니트릴 속에서 용해한다. 이것을 캐스트한 후 아세트니트릴을 전량 증발시켜 필름을 일는다.

아세트니트릴의 비점은 81.5℃로서 EC, PC와 커다란 차이가 있 으므로, 증발건조는 비교적 용이하지만, 그래도 투입한 EC/PC를 완전히 남기면서 아세트니트릴을 완전히 건조시키는 것은 상당히 어

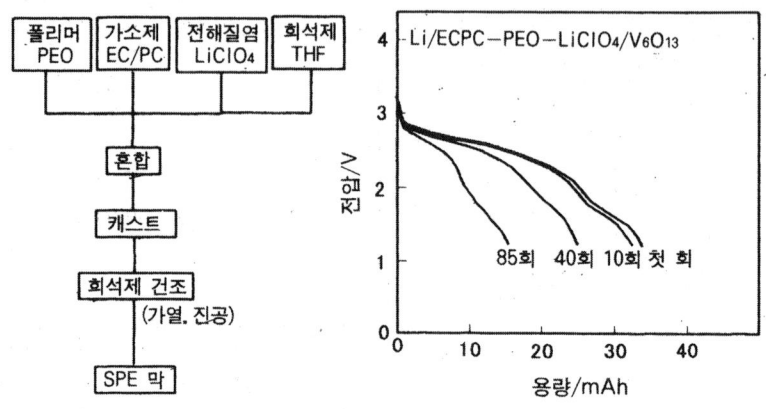

그림 2. 2. 18 Gould의 겔 SPE의 제조공정과 전지 적응 예

려운 일이라 생각된다. 아세트니트릴에 함유되어 있던 수분의 상당 부분이 필름에 잔류될 우려가 있다는 것도 문제일 것이다.

이온전도도는 2×10^{-3}S/cm를 달성했지만, 그림 2.2.18과 같이 V_6O_{13}/Li 전지에서의 사이클특성은 85회로서 초기 용량의 50%이므로, 이것도 그다지 우수한 것이 아니다. 그러나 10년 전에 겔 SPE 전지의 가능성을 지적한 것으로 높이 평가된다.

미리 고분자화 된 직쇄 폴리머를 사용하는 경우에, 위에서 기술한 바와 같이 희석제를 사용하든지 가소제의 유기용매를 다량으로 혼합하여, 이것을 건조하는 이외의 방법으로서 고온에서 처리하는 방법도 있다.

소니에서는 EC, PC 또는 GBL 등으로부터 구성되는 유기용매에 소정량의 PAN을 첨가하여, 이것을 잘 분산시키면서 100℃까지 가열하여, 이것을 실온방치하는 것으로 겔 SPE를 얻고 있다[15].

용제 등의 건조공정이 없고 들어간 재료를 그대로 사용할 수 있다는 장점이 있으나, 고온인데다 점도가 높은 혼합물을 취급해야 한다는 문제점도 있다.

4.3 가교 폴리머형

아크릴레이트계의 재료를 호스트 폴리머라고 하는 경우에는, 모노머를 가소제, 염 및 중합개시제와 혼합하여 캐스트한 후에, 가열 또는 UV, EB 조사 등으로 *in situ* 중합하는 것이 가능하다. 이 경우에, 중합 전의 프리커서(전구체)는 점도가 극히 낮기 때문에 취급이 용이하고, 캐스트하기 쉽다는 것이 특징이다.

점도가 낮기 때문에, 다공성 필름에 적신 후 중합하는 것도 가능하다. 또 디아크릴레이트를 사용하면, 중합시 동시에 가교하는 것도 가능하다.

더구나 전부를 그대로 굳히므로, 최종 조성을 넣을 때에 정밀하게 정하는 것이 가능하며 수분의 혼입도 없고 안정된 품질의 SPE를 얻을 수 있다.

재료혼합 시점의 점도는 물 만큼이나 낮으므로, 모노머, 염, 가소제를 나노 분자 레벨로 혼합할 수 있다는 것도 커다란 특징이다.

모노머로부터 한번에 중합해서 SPE 필름을 제작하는 것이 아니라, 미리 말단에 이중결합을 소유하는 올리고머를 합성하여, 이것을 캐스트한 후, 그 위에 *in situ* 중합을 하는 방법도 있다. 이 방법은 모노머 사용보다 프리커서의 점도가 높아지는 것이 문제이나, 올리고머를 설계한 대로 제작하기 쉽다는 특징이 있다.

BEI에서는 3성분의 아크릴 모노머를 공중합하는 것에 의해 우수한 겔 SPE를 완성하였다[21]. 아래에서 그 내용을 개발 컨셉트와 함께 상세히 소개한다.

겔 SPE가 개발되어 개질한 결과, 표 2.2.10에 나타낸 것과 같은
많은 종류의 SPE가 목표로 하는 $> 10^{-3}$S/cm의 이온전도도를 달
성하였다. 그러나 이것은 상온작동형 이차전지가 되기 위한 필요불
가결 조건이긴 하나 충분조건은 아니고, 이것만으로 간단히 좋은 전
지가 완성되는 것도 아니다.

실용적인 겔 SPE 리튬 이차전지를 완성하기 위해서는 다음의 여
러 조건이 필요하다.

① 충방전, 장기보존, 온도변화에 열화되지 않는 SPE

② SPE와 전극간 이온의 원활한 흐름

③ 전극 내에서의 전자와 이온의 원활한 흐름

④ 전극과 이온의 반응저항이 작을 것

⑤ 전극과 집전체간 전자의 원활한 흐름

⑥ 충방전효율, 사이클특성이 좋은 양극음극재

표 2.2.10 양이온전도성 겔 SPE의 예

폴리머/전해질	이온전도도 S/cm(상온)	참고문헌
PEO/EC-PC-LiClO₄	2×10^{-3}	USP 5,085,952(1992)
PAN/EC-PC-LiClO₄	2×10^{-3}	USP 5,219,679(1992)
PAN/EC-PC-LiN(CF₃SO₂)₂	2×10^{-3}	F. Croce, *Electrochimica Acta*, 39, 2187(1994)
PVC/EC-PC-LiClO₄	1×10^{-3}	M. Alamgir, *J. Power Sources*, 54, 40(1995)
PMMA/GBL-LiBF₄	3×10^{-3}	飯島 외, 電氣化學, 53, 40(1995)
PVME/PC-LiClO₄	1×10^{-3}	T. Noda *et al.*, "Rad Tech Asia '97" p. 884(1997)
PEO-Acryl/PC-LiClO₄	7×10^{-3}	USP 5,356,553(1994)
PVE-MMA/PC-LiClO₄	2×10^{-3}	USP 5,417,870(1995)
P(VdF-HFP)/EC-PC-LiPF₆	1×10^{-3}	USP 5,296,318(1994)

이 중 ③~⑥은 전극의 제작 노하우 및 전지조립 노하우에 관한 것으로, SPE에 관여하는 인자는 ①과 ②로서, 특히 ①은 SPE에만 의존하는 인자이다. 이와 같은 특성의 SPE를 얻는 데에 종래의 SPE에서는 다음과 같은 문제가 있었다.

문제점 중 하나는, 미리 중합된 폴리머를 사용하는 것에 있다. 폴리머는 PEO, PPO, PAN, PVdF 등 직쇄상의 것으로, 그 가교형상은 화학결합이 아닌 물리적 얽힘 등에 의한 것이기 때문에 강한 기계적 강도는 달성되지 않는다. 또 분자량이 큰 폴리머를 액상으로 하기 위해서는 다량의 가소제나 희석용매에 용해해서 사용하지만, 과잉의 가소제나 희석용제를 건조하는 것에도 문제가 있다.

가소제의 일부를 건조해서 건조 후 목적에 맞는 조성을 균일하게 얻기는 어렵고, 또 희석제 사용의 경우는 희석제만을 건조해야 하지만, 가소제가 일부 건조되거나, 역으로 희석제의 건조가 불충분하다든지 하여 목적의 조성을 달성하기가 어려운 실정이다.

희석제나 과잉의 가소제에 포함된 수분이 SPE에 잔존하기 쉽다는 것도 문제이다. 더욱이 건조공정에는 기포의 발생이 일어나므로, 균일한 막이 얻어지지 않는 결점도 있다. 도포제는 점성이 높고, 막형성은 사출성형 또는 브레이드 도포로 한정되어, 경제적으로 실용적인 적심법(침지)이나 스프레이와 같은 방법을 사용하는 것이 불가능하다는 문제도 있다.

더욱이 폴리머 내의 작용기는 일반적으로 하나의 단순한 반복이기 때문에, 이온전도도의 향상, 기계적 강도의 향상, 호스트 폴리머가 가소제와 용매화하여 상분리를 일으키지 않을 것 등 많은 기능을 모두 동시에 만족시키지는 못했다.

겔 SPE가 목적에 부합되면서 좋은 특성의 전지를 달성하기 위해

표 2.2.11 겔 SPE의 필요특성

필요특성	해 결 책
이온전도성	• *in situ* 중합에 의한 균질의 폴리머 합성 • 폴리머 구성 모노머 중 하나에 억셉터 넘버가 큰 재료 사용
기계적 강도	• 폴리머 구성 모노머 중 하나에 디아크릴로일을 사용하여 입체 가교구조로 한다 • 부직포를 SPE의 중심재료로 하여 강도를 백업
장기 안정성	• 폴리머 구성 모노머 중 하나에 용매와의 친화력이 강한 재료를 사용 • 비점이 높은 가소제 사용
내열 안정성	• 입체 가교구조 • 용매로의 강한 친화력 • 비점이 높은 가소제 사용
로 코스트	• 로 코스트의 모노머, 가소제, 전해질의 선정
환경	• 환경 친화적 재료의 선정

서는 표 2.2.11의 항목이 중요하여, 필자 등은 이것을 표에 기재한 방법으로 달성하려고 생각했다.

즉, 고분자를 다성분(3종류)의 모노머로부터 공중합으로 합성하여, 원래의 모노머에 각각의 특성을 가지게 함으로써, 고분자 내에서도 각각 역할을 분담하여 상승효과를 내려 한 것이다.

모노머는 300 이하의 저분자량으로 하여, 이것들의 모노머와 유기용매 가소제와 전해질염을 미리 혼합한 물 정도의 낮은 점성의 프리커서를 캐스트한 후 *in situ* 중합하는 것으로, 마치 한천을 굳히는 것처럼 겔 폴리머 구성물질을 모두 한번에 굳혀버리는 것이다.

복수의 폴리머란,

① 2개의 아크릴로일기를 가지는 것으로, 입체 그물구조를 형성하여 SPE에 기계적 강도와 장기 안전성을 부여하는 것

② 1개의 아크릴로일기를 가지고 거기다 올리고옥시에틸렌($-CH_2CH_2O-$)을 가지는 것으로, 폴리머에 가동성을 갖도록 함으로써 이온의 움직임을 좋게 하기 위한 free volume을 부여하고, 거기에 형성된 폴리머에 가소제와 친화성을 갖게끔 하는 것으로, 이것에 의해 유연하면서도 장기보존에 의해 상분리를 일으키지 않는 안정한 전해질을 얻을 수 있는 것

③ 1개의 아크릴로일기를 가지는 동시에 카보네이트기나 시아노기와 같은 강한 극성의 작용기를 가지는 것으로, 이들의 작용기는 아니온을 용매화하여 전해질의 전도도를 높이는 충분한 억셉터 넘버를 가지고 있기 때문에, 전도도 강화의 역할을 하는 것이다.

사용한 모노머는 모두 분자량 300 이하의 저분자이고 점도가 물 정도로 낮고, 따라서 혼합물의 SPE 프리커서도 물 정도의 저점도로, 목적물에 단순히 스프레이하거나 담금으로써 피막이 형성된다. 이것을 가열하여 중합시킴으로써, 계내로 가소제와 전해질염을 균일하게 함유한 가교구조 네트워크를 얻을 수 있다.

또 프리커서의 점도가 낮기 때문에 혼합재료를 나노분자 레벨로 균일하게 혼합하는 것이 가능하고, 그 위에 이것을 그대로 *in situ* 중합하므로 균일 혼합상태는 그대로 유지되어, 양호한 이온전도도가 달성되는 것이 특징이다.

이대로도 폴리머전지에 사용가능한 강도의 필름이 얻어지지만, 보다 강한 필름이 필요한 경우, 또는 보다 얇은 필름이 필요한 경우에는, 위에서 서술한 프리커서를 부직포 등에 함유시킨 후에 중합시킨

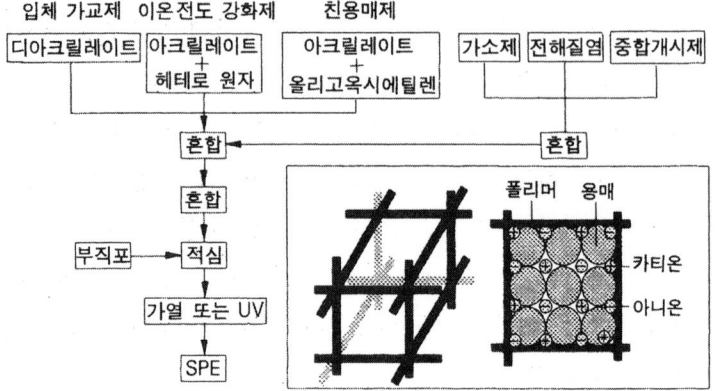

그림 2.2.19 3성분계 폴리머전해질의 제조공정

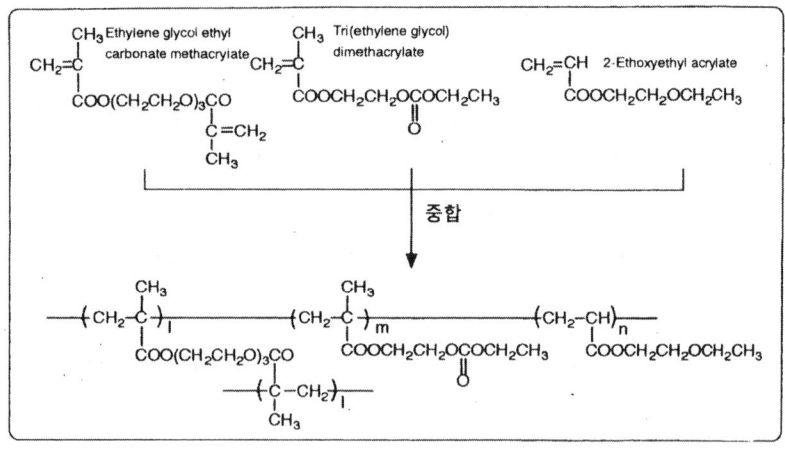

그림 2.2.20 3성분계 겔 폴리머전해질의 예

다[22].

이 경우, 두께는 부직포의 두께로서 제어 가능하다는 장점이 있다. 미리 중합한 폴리머를 사용할 경우에는, 점도가 극히 높아 부직포에 침투성이 없어지므로 이 방법을 채용할 수 없다.

이 제법의 개념을 그림 2.2.19에 나타내었으며, 실제로 사용한 모노머와 중합된 폴리머의 구조식을 그림 2.2.20에 나타냈다.

그림 조성의 조합으로는, 가소제로서 EC/PC=1/1, 전해질염으로 1.2mol/l의 LiPF$_6$를 사용한 SPE는, 2.6×10^{-3}S/cm의 이온전도도를 달성했다. 그 온도특성은 그림 2.2.21과 같다. 부직포를 사용한 경우에도 1.4×10^{-3}S/cm의 높은 이온전도도가 달성되어 있다. 그림 2.2.22 중 왼쪽은 부직포로, 명함 위에 놓으면 비쳐서 보일 정도로 얇은 수십 μm 두께의 것이다. 중앙은 이것을 프리커서에 적신 경우로, 점도가 낮으므로 쉽게 적실 수 있다. 오른쪽은 완성된 SPE로 자기 보존유지성이 있고, 강도는 같은 두께의 일반 폴리올레핀 세퍼레이터의 1.5배이다.

일본 第一工業製藥에서는 그림 2.2.23의 폴리알킬렌옥사이드 매크로 모노머의 디아크릴로레이트 또는 트리아크릴로레이트의 겔 SPE용 프리커서를 개발하여, 이미 양산단계에 들어가 ELECEL™의 상표로 시장에 공급되고 있다[23]. 겔 SPE 제작은 전지 메이커에 맡겨지므로, 이온전도도는 그 가소제나 전해질염의 종류, 배합비에 따른 차이가 있으나, 第一工業製藥에서는 각종 실험 결과, 그 조성에 따라 $1 \sim 3 \times 10^{-3}$S/cm를 얻고 있다. 폴리알킬렌옥사이드 매크로 모노머의 사양은, 옅은 황색을 띤 투명한 액체로, 알칼리금속 < 50ppm, 중금속 <5ppm, 수분 <50ppm으로 20ppm 레벨도 가능하다.

5. 겔 SPE 전지의 전기특성

앞 페이지에서 겔 SPE에 대해서 소개했으나, 이 페이지에서는 이
러한 SPE를 사용해서 어떤 이차전지가 개발되어지고 있는지에 대해
소개한다.

5.1 Battery Engineering, Inc.

BEI에서는 앞 페이지에서 소개한 겔 SPE를 사용해서, LiCoO₂
양극, 흑연계 음극, 각 1층으로 된 0.6mm 두께의 크레디트 카드

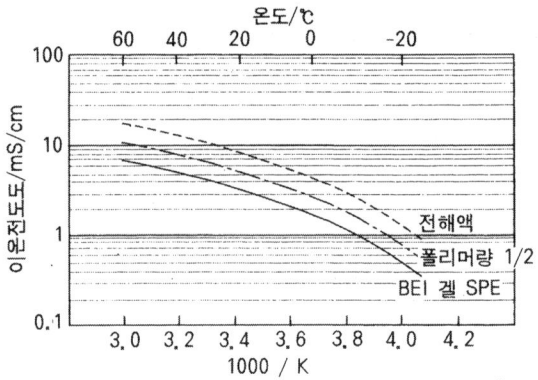

그림 2.2.21 3성분계 겔 SPE의 이온전도도

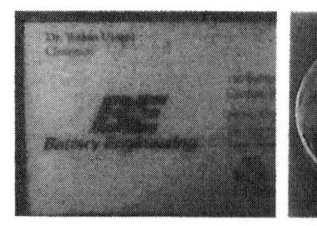
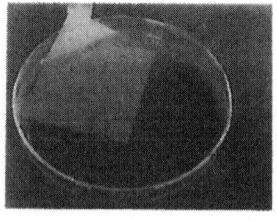
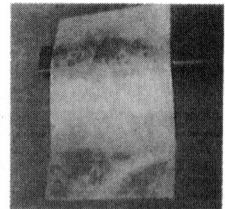

그림 2.2.22 BEI 겔 SPE의 사진

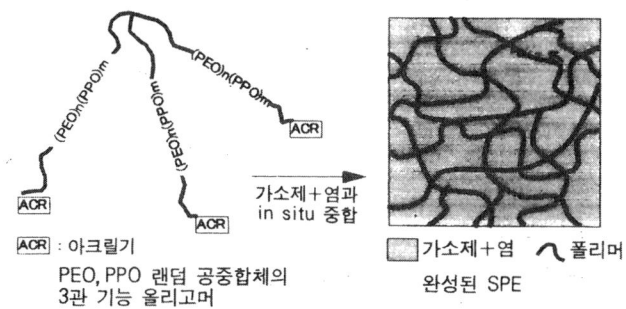

ACR : 아크릴기

PEO, PPO 랜덤 공중합체의
3관 기능 올리고머

가소제+염 폴리머
완성된 SPE

그림 2.2.23 第一工業製藥의 매크로 모노머 개념도

사이즈의 전지를 완성했다[21].

그림 2.2.24에 그 제조공정의 개념도를 나타냈다. 재료혼합 및 그림의 전 공정이 드라이한 분위기에서 행해진다. 양극합제는 활물질(LiCoO₂), 전도조제, 폴리머, 가소제, 전해질염의 혼합물로 된 부드러운 점토상이며, 이것을 사출성형기로 얇게 압출해서 집전박에 도포하고, 열큐어하여 전체를 겔화해서 두께 0.1mm의 전극을 얻

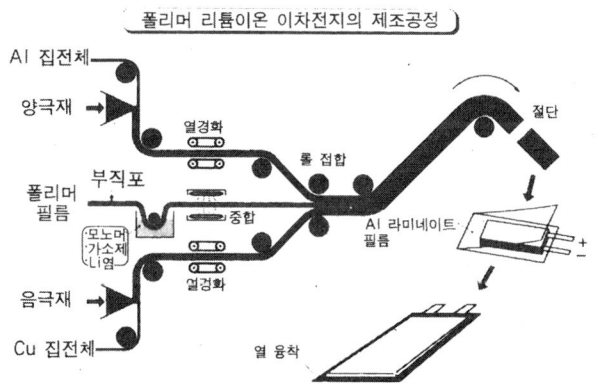

그림 2.2.24 BEI의 전지제작 개념도

표 2.2.12 BEL의 크레디트 카드 사이즈 전지의 제원

항 목	사 양
양 극	LiCoO$_2$/Al박
음 극	흑연/Cu박
SPE	앞장에서 기재 0.05mm
외 장	알루미라미네이트박
봉 지	열용착
사이즈	54×86×0.6mm
중 량	3.2g
공칭전압	3.7V
공칭용량	100mAh
사이클 수명	1000회 at 100% DOD

는다.

음극도 활물질만 흑연으로 대신하고 양극과 동일하게 하여 제작한다. SPE 필름은 앞에서 기술한 3종류의 모노머와 가소제, 전해질염, 중합개시제로 된 물과 비슷한 저점도의 것을 얇은 부직포에 적셔서, 가열 중합하여 겔화한, 두께 0.05mm의 것이다.

이 양극, 음극, SPE를 겹쳐서, 외장은 알루미늄 박과 플라스틱의 라미네이트 필름을 사용, 주위를 진공하에서 열용착하여 밀착한다.

이 전지는 유연하여 90℃의 만곡을 충분히 견디어 낸다. 이 전지의 구성과 제원을 표 2.2.12에 나타내었고, 외관 사진과 내부구조의 그림을 그림 2.2.25, 그림 2.2.26에 나타냈다.

그림 2.2.27은 충전 및 방전곡선에서, 액체전해액 리튬이온 이차전지와 동일한 거동을 나타낸다. 그림 2.2.28에 0.4C 충방전의 사이클 특성을 나타내었는데, 풀 충방전으로 1,000회 후 초기 용량의 85%를 가지고 있어, 양호한 사이클특성을 갖는다.

그림 2.2.25 크레디트 카드 사이즈의 전지 사진

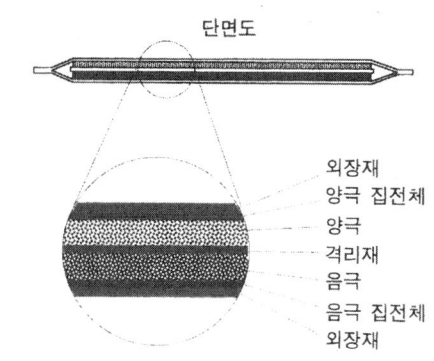

그림 2.2.26 크레디트 카드 사이즈 전지 내부구조

1C 레이트의 풀 충방전에서도 거의 동일하다. 그림 2.2.29에 부하특성을 나타내었다. 0.2C의 용량에 대해서 0.4C에서는 95%, 1C에서 90%, 2C에서 80%의 용량으로 2C리도 충분히 사용가능한 특성으로서, 이것은 제1편에서 소개한 액체전해액 리튬이온 이차전지와 같은 레벨이다.

그림 2.2.30은 0.2C에서의 온도특성을 나타내고 있으나, 20℃

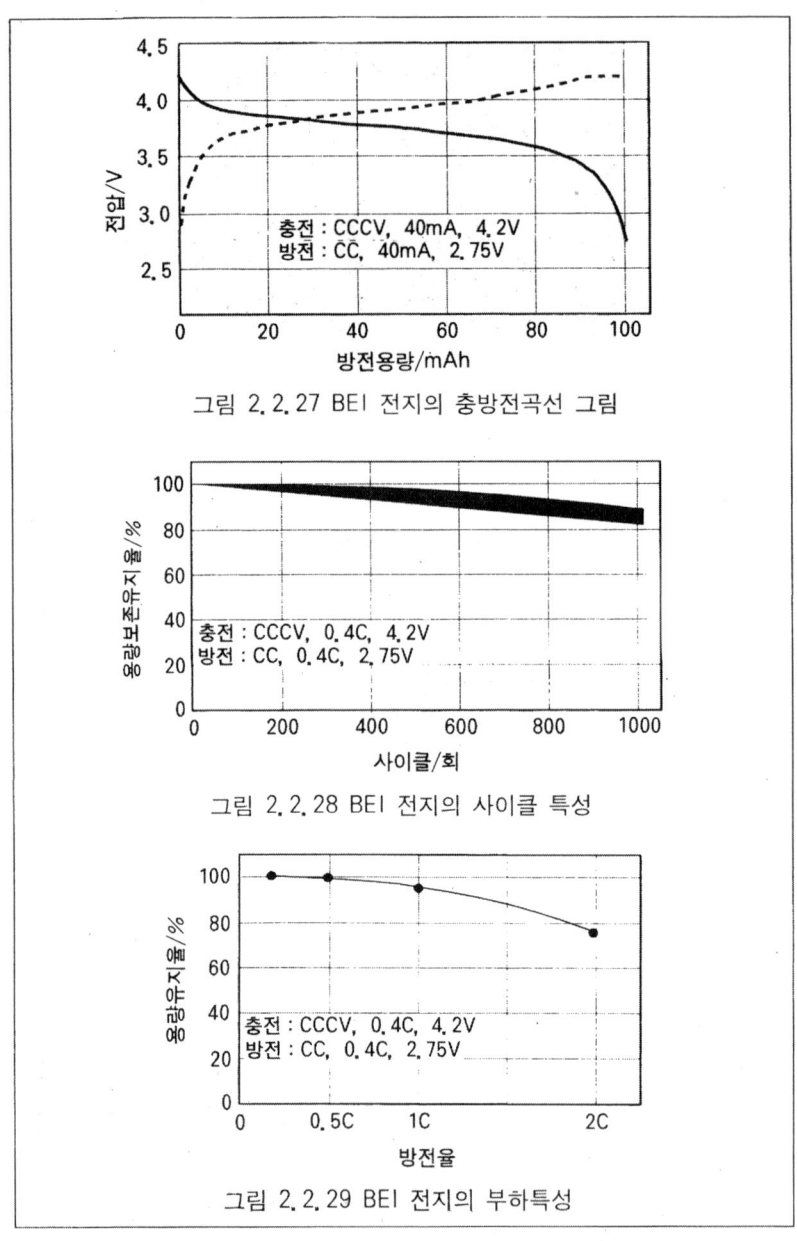

그림 2. 2. 27 BEI 전지의 충방전곡선 그림

그림 2. 2. 28 BEI 전지의 사이클 특성

그림 2. 2. 29 BEI 전지의 부하특성

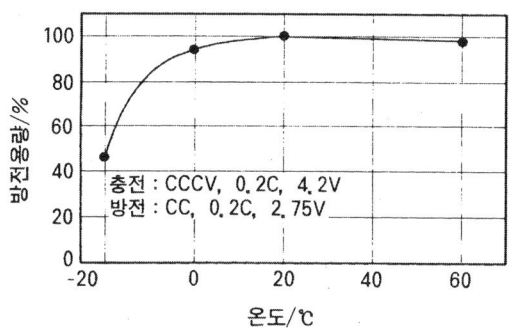

그림 2.2.30 BEI 전지의 온도특성

에 대해서, 0℃에서 95%, -10℃에서 80%, -20℃에서 45%
의 용량이 있으며, 이 특성은 리튬이온 이차전지의 온도특성보다 열
등하나 -20℃까지 사용 가능하다는 것을 알 수 있다. 온도특성은
전지형상의 영향을 크게 받는다.

이것은 전지가 박형임과 동시에 용량이 작은 것이라면 전지 내부
는 늘 주위 온도에 가까운 상태에 있다. 예를 들어 CR18650과 같
은 용량이 큰 원통형 전지라면, 방전의 출발시점에서는 내부까지 주
위 온도로 되어 있으나, 방전에 의해 발열하여 그것이 전지 내부에
축적되기 때문이다. 이와 같은 조건을 생각하면, BEI 전지의 온도특
성은 리튬이온 이차전지에 가까운 것이라 할 수 있다.

5.2 Yuasa

Yuasa는 第 工業製藥의 매크로 모노미를 사용해서, 양극에는
LiCoO₂, 음극에는 코크스계의 겔 SPE 전지를 개발했다.

그 전지의 사양 예를 표 2.2.13에, 외관 사진을 그림 2.2.31에
나타내었다[25].

표 2.2.13 Yuasa 겔 SPE 전지의 사양 예

항 목		RF17401240	RF540274
사이즈	폭 (mm)	147	54
	길이 (mm)	201	74
	두께 (mm)	1.25	2.2
중량(g)		약 70	약 15
작동전압(V)		3.6	3.6
용량(mAh)		1750	400
충전	급속충전	CVCC 1310mA 4.1V Max 2h	CVCC 200mA 4.1V Max 3h
	종지전류(mA)	35~87	8~20
	온도(℃)	10~45	10~45
방전	표준방전전류(mA)	350	80
	종지전압(V)	2.7	2.7
	온도(℃)	0~60	0~60
보존온도(℃)		-20~45	-20~45

(출전 : 6th ISPE(1998) 전시에서)

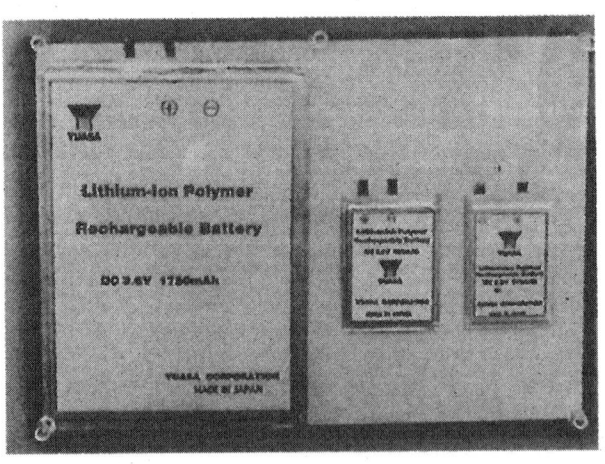

그림 2.2.31 Yuasa 겔 SPE 전지 사진

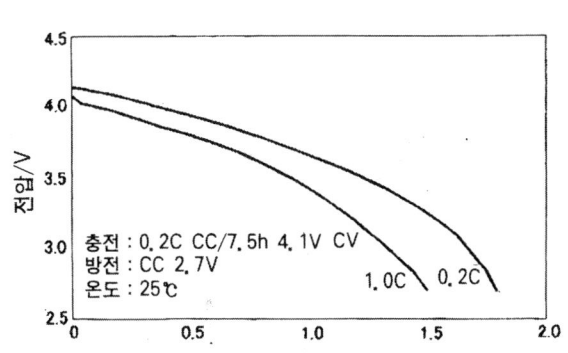

그림 2. 2. 32 Yuasa 겔 SPE 전지의 부하특성

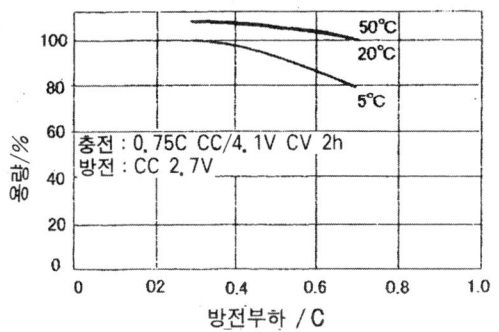

그림 2. 2. 33 Yuasa 겔 SPE 전지의 온도특성

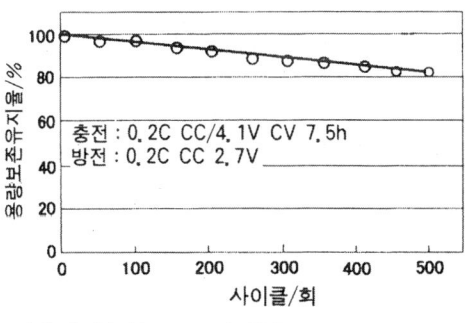

그림 2. 2. 34 Yuasa 겔 SPE 전지의 사이클특성

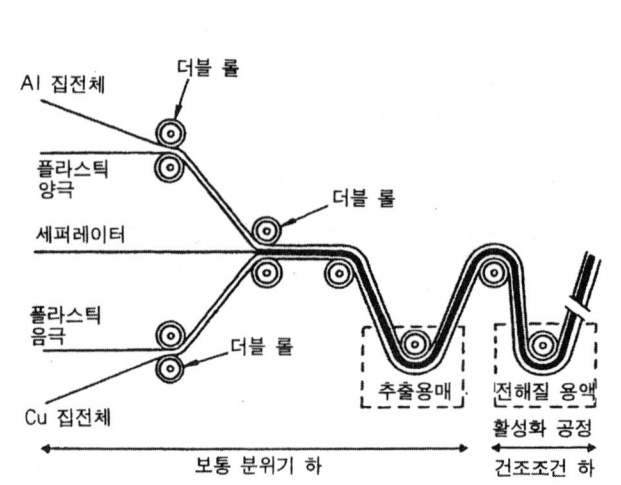

그림 2.2.35 Bellcore 전지의 제조 후공정도
(출전 : 宮木義行, ポリマーバッテリーの最新技術, p.220, CMC, 1998)

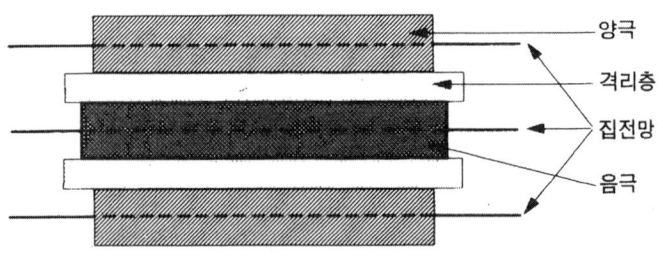

그림 2.2.36 Bellcore 전지의 단면도

방전부하특성은 1C/0.2C가 80%(그림 2.2.32), 또 온도특성
은 0.3C에서 5℃/20℃가 90%(그림 2.2.33)로 되어 있다. 사이
클특성은 500회로 85%의 용량 보존유지율로 되어 있다(그림
2.2.34).

5.3 Ultralife Battery, Inc.

Bellcore는 전해질막만이 아닌 전지 전체의 개발을 완성하고 있
으나, 그 회사의 성격상 자사에서는 전지의 생산은 하지 않을 방침으
로 기술을 라이선스 하고 있어, 현재 12개 회사 정도가 라이선스를
맺고 있다.

이 중에서 Ultralife가 가장 앞서고 있으므로, Bellcore 기술의
전지특성 예로서 Ultralife의 제품을 소개하겠다.

전해질 필름에는 앞에서 소개한 것을 사용하여, 양극에는
$LiMn_2O_4$를, 음극에는 흑연을 사용하고 있다. 전지제조 전공정의
전해질막과 양음극의 제작은 앞의 그림 2.2.16에서 소개했으나, 후
공정의 개념도는 그림 2.2.35와 같다[26].

전공정에서 제작된 양음극은, 알루미늄 그리드 또는 구리 그리드
를 중심으로 하여 샌드위치 상으로 겹쳐, 열 롤로서 융착된다. 이 양
음극과 전해질막을 다시 샌드위치 상으로 겹쳐 용착하여 일체화한
다. 이 상태에서 양극 시트, 음극 시트 및 전해질막은 어느 것이나
DBP를 함유한 것이다.

다음으로 디에틸에테르 용매에 적셔시 잔존의 DBP를 완전히 추
출하여, 양음극, 전해질막을 미공성으로 하여 알루미늄-플라스틱
라미네이트재로 가봉지(假封止)한다. 마지막으로 전해액을 주입하
여 전지로서 사용할 수 있도록 하는데, 이것을 활성화라고 한다. 전

해액을 나중에 주입해도 일단 가소제를 함유하여 형성된 네트워크에
는 전해액이 잘 흡수되는 것으로, 이것을 메모리 효과라 하고 있으
나, 이것이 과연 제대로 된 겔인지 단지 전해액을 잘 보존유지하고
있는 것뿐인지, 확실하지는 않다. 이와 같이 하여 완성된 외장재를
뺀 전지의 단면은 그림 2.2.36과 같은 구성이 된다. 또한, 전해질
막에 첨가된 실리카 입자는, 전해질의 보존유지성을 향상시킬 뿐만
아니라 이온전도도 또한 향상시키게 된다.

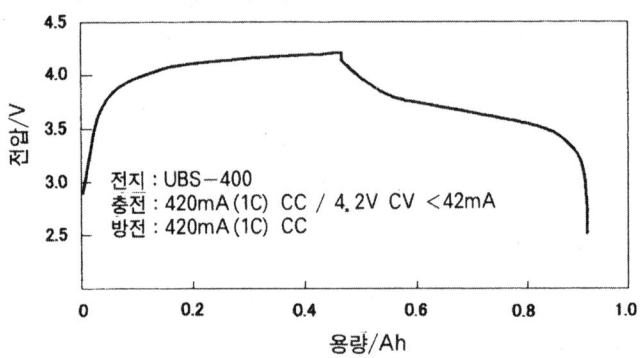

그림 2.2.37 Ultralife 전지의 충방전곡선

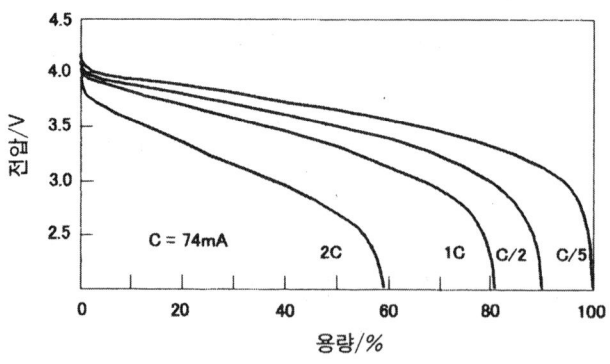

그림 2.2.38 Ultralife 전지의 부하특성

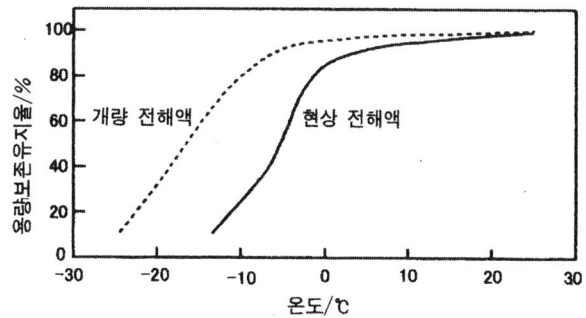

그림 2. 2. 39 Ultralife 전지의 온도특성

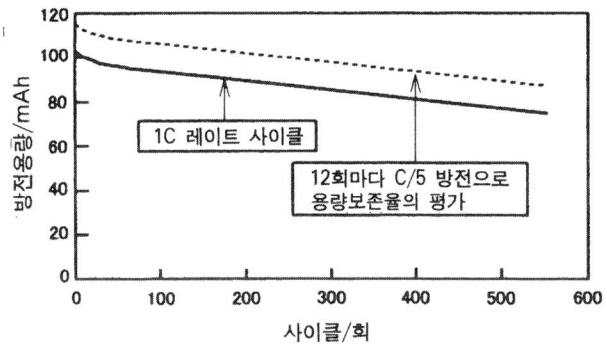

그림 2. 2. 40 Ultralife 전지의 사이클특성

　Ultralife의 제품 예로서, 그림 2.2.37에 400mAh 전지 (UBS-400)에 대한 1C 레이트의 CCCV 충전곡선 및 1C 레이트의 방전곡선을 나타내었다[27~29]. 그림 2.2.38은 부하특성으로, 2.75V 종지로서 1C에서는 80%, 2C에서는 55%의 용량이 얻어진다. 그림 2.2.39의 온도특성에서, 현재 사용하고 있는 전해액에서는 −10℃의 용량이 20℃의 30%로 그다지 좋지 않으나, 전해

액을 바꾸어 80%까지 개량할 수 있다고 선전하고 있다. 그림 2.2.40은 USB-400의 1C 레이트에서의 사이클특성인데, 600회에 80% 이상을 유지하고 있다. 이들 특성은 민생기기용 전원으로서 충분히 사용 가능한 단계에 이르고 있다.

제 ❸ 장
도전성 고분자 양극전지

1. 꿈으로 사라진 플라스틱전지

그림 2.3.1에 나타낸 것은 π 공역계 도전성 고분자라고 불리는 것이다. 분자 내에서 π 전자가 비국재화되고 있기 때문에, 이것에 어떤 이온을 도핑할 경우 그림 2.3.2의 예와 같이 전자전도도가 비약적으로 높아지는 도전성 고분자로서 알려져 있다. 이것은 1977년에 MacDiarmid 등에 의해, 먼저 폴리아세틸렌에서 발견되었다. 더욱이 1979년에는, 도핑, 탈도핑이 전기화학적으로 가역적으로 가능한 것을 알았다. 따라서, 도전성 고분자를 사용하면 하나의 재료로서 전자도전성과 전지용량이 한번에 얻을 수 있게 되므로, 매우 바람

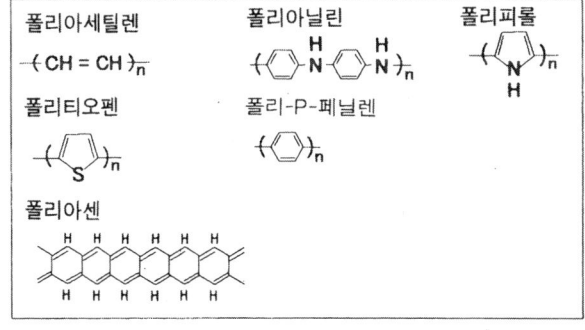

그림 2.3.1 π전자공역계 도전성 고분자

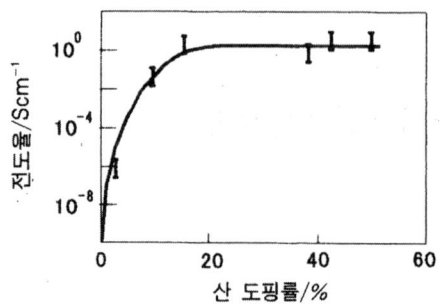

그림 2.3.2 이온 도핑에 의한 전자전도도의 향상

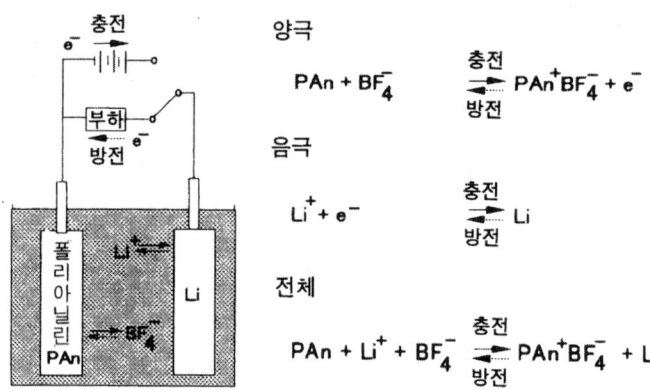

그림 2.3.3 도전성 고분자 전지

직하다. 음극에 리튬을 사용해서 그림 2.3.3의 장치로 이차전지로 서 테스트하면, 그림에 나타낸 충방전 메커니즘에 의해 확실히 이차 전지가 된다는 것을 알 수 있다.

음극에도 도전성 고분자를 사용하여, 리튬이온의 도핑/탈도핑 반 응을 이용하는 것도 가능하다.

1980년대 초는, 아직 MH 전지는 물론 리튬이온 전지도 없는 시 대로, 이차전지로서 실용화된 것은 납전지와 니카드전지밖에 없었다. 납전지의 양음극 이론 에너지밀도는 175Wh/kg, 니카드전지는 210Wh/kg이다. 이것에 대해서 폴리아닐린 리튬전지를 폴리아닐린과 Li만으로 계산하면, 이론 에너지밀도는 849Wh/kg 으로서 대단한 것이 된다.

그리하여 1981년의 가을에는 일본과 미국 신문에서「플라스틱으로 된 꿈의 전지, 출력은 10배로 무게는 10분의 1」이라고 하여 큰 소동이 일어나, 그 후 많은 연구자들이 이 꿈을 실현시키기 위해 혈안이 되었던 것이다. 그런데 현실로는 이 계산이 성립되지 않는데, 전지계로서는 다음과 같은 에너지밀도 저하의 원인이 있다.

① 그림 2.3.3과 같이 BF_4가 필요하므로, 이것을 계산에 넣지 않으면 안 된다.

② 도핑률의 100%는 실현 불가능하며, 도핑률이 가장 높은 폴리아닐린에서도 50%, 제일 분자량이 작고 기대가 되었던 폴리아세틸렌에서는 겨우 7%이다.

③ 도핑된 이온을 전지 내에 비축해 두기 위해서는 대량의 용매가 필요하다. 1.5몰의 전해액을 0.5몰 농도로 저하할 때까지 이온을 사용한다고 생각하면, 26.8Ah의 전기량에 대해서 1리터의 용매를 필요로 한다.

이 중에서 ③을 포함하지 않고, ①과 ②의 요인만을 생각한 결과, 에너지밀도는 표 2.3.1이 된다. 이것만으로도 니카드 축전지나 납 축전지에 비해서 메리트가 있으나, 위에서 서술한 ③의 요인을 넣으면, 도전성 고분자 전지에서는 에너지밀도가 표의 1/3~1/4까지 저하된다.

니카드 축전지의 반응에 관여하는 물에 의한 저하는 10% 정도이기 때문에, 도전성 고분자 전지의 에너지밀도는 니카드 축전지의 절

표 2.3.1 도전성 고분자 전지의 에너지밀도

활물질	도핑률	용량밀도		기전력 (V)	에너지밀도	
		Ah/kg	Ah/l		Wh/kg	Wh/l
폴리 피롤	0.33	90	136	3.0	271	408
폴리아닐린	0.50	95	143	3.7	352	529
폴리파라페닐렌	0.16	47	66	3.2	150	211
니카드전지		162		1.2	194	
리튬이온 전지		100		3.7	370	

니카드전지는 반응에 관여하는 물을 포함하여 계산, 리튬이온 이차전지는 $LiCoO_2 \rightarrow Li_{0.5}CoO_2$로서 계산
(출전 : 빗금친 곳은 「ポリマーバッテリーの 最新技術」, p39, CMC, 1998)

반 이하로 저하된다. 에너지밀도가 높은 MH 전지나 리튬이온 이차전지가 개발되어 현재로서는, 도전성 고분자 축전지의 존재 가치는 거의 없다.

이러한 사정으로부터, 도전성 고분자를 이용한 플라스틱전지의 연구는 1980년대 말에는 완전히 그 기운이 약해졌다. 그야말로 한낮의 꿈으로 끝나버리고 말았다.

그러나 완전하게 버려진 것은 아니고, 브리지스톤이 세이코 전자공업과 제휴하여, 폴리아닐린을 양극, 리튬알루미늄 합금을 음극으로 한 코인형의 전지를 메모리 백업용 전지로서 개발하여 발매하였다[31]. 그 특성을 히타치 막셀이 현재 판매하고 있는 리튬 이산화망간계 백업용 전지와 비교하여 나타내었으나 용량은 리튬 이산화망간계 전지에 비해서 극단적으로 낮아서 앞에서 서술한 바와 같이 에너지밀도가 높아질 수 없다는 것이 실증되었다.

그 후, 鐘紡(가네보)가 폴리아센을 사용해서 동일한 백업 전지를

표 2.3.2 폴리아닐린 전지와 리튬망간 전지의 특성

전　　지	시스템	전압/V	용량/mAh	사이클
폴리아닐린 전지	PAn/Li-Al	3	3	1000@ 3%DOD
리튬망간 전지	MnO_2/Li	3	25	1000@ 10%DOD

개발하였으나, 특성이 폴리아닐린 전지와 같은 정도이다. 그러나 어느 쪽도 사이클특성이 극히 뛰어나다는 것을 선전문구로 하고 있다. 단지 백업 전지로서의 평가이기 때문에 방전밀도는 10% 이하인 낮은 곳에서의 결과로, 100% 심도로 하면 사이클특성도 그다지 뛰어난 것이 아닌 것같다.

이들의 전지는 전해질에 유기용매계를 사용하고 있기 때문에, 코인형 전지로서 상품화되었다. 초박형의 전지로 하기 위해서는 SPE의 채용이 필요하고, 상품으로서 실현은 되지 않았으나 시험은 진행되고 있다.

2. 도전성 물질로서의 재출발

플라스틱전지로서의 꿈이 사라진 도전성 고분자이긴 하지만, 지금 새로운 움직임이 시작되었다. 기존에 나와 있는 각종 전지의 활물질에는 전자전도성이 없기 때문에, 반드시 카본 등을 도전조제로서 첨가한다. 그 양은 10% 또는 그 이상으로, 이것이 전지 전체로서의 에너지밀도에 악영향을 주고 있다. 이 도전조제에 카본을 대신하여 도전성 고분자를 사용하는 검토가 이루어지고 있다[32].

이 경우 도전성 고분자는 도전성 역할만이 아니라, 활물질로서 작용을 한다. 따라서, 같은 10%의 양을 첨가해도 10%의 용량손실이 되는 것이 아니고, 그 일부는 도전성 고분자로 보상된다는 것이다.

표 2.3.3 도전성 고분자를 전도조제로 한 전지의 특성

양극재료	성분량			용량밀도		이산화망간의 이용률
	이산화망간	폴리피롤	카본	mAh/g	mAh/cm³	
β-MnO$_2$/PPy	81.8	12.2	0	92.6	343	0.33
β-MnO$_2$/C	84.0	0	10	72.2	269	0.28
LiMn$_2$O$_4$/PPy	78.3	15.7	0	128.5	433	1.03
LiMn$_2$O$_4$/C	84.0	0	10	103.7	344	0.83

전해액 : 1M LiClO$_4$를 용해한 탄산프로필렌과 1, 2-디메톡시에탄(1 : 1) 혼합용액
통전전류밀도 : 0.1mA/cm², 전극은 모두 6wt%의 테프론 바인더를 포함

　표 2.3.3은 그 일례를 나타낸 것으로, 이산화망간 양극에 종래의 10% 중량의 카본을 더한 것을 12.2%의 폴리피롤로 치환할 수 있다. 그 결과, 용량밀도는 중량당 72.2mAh/g이 92.6mAh/g으로, 또 체적당으로도 269mAh/cm³이 343mAh/cm³로 각각 30% 가까이 증가 되었다. 이것은 표에 나타낸 것과 같이, 이산화망간과 폴리피롤의 복합작용으로 이산화망간의 이용률 자체가 좋아진 것과, 폴리피롤이 활물질로서 역할을 했던 것의 종합효과에 의한 것이다.

　이 외에, 다음 장의 유기 디설파이드 화합물 양극 활물질이나 폴리카본설파이드 양극 활물질에 첨가한 경우에도 뛰어난 효과를 발휘한다. 이들의 연구에 10~20년 전의 활발한 연구 결과가 상당량 이용될 수 있다고 생각된다.

유황계 양극 폴리머전지의 매력

유황(S)은 리튬과 반응하여 Li$_2$S를 생성한다. 이 에너지밀도는 1165Ah/kg이라는 터무니없이 큰 것으로, 전압을 예로 들어 2V로 하면 2330Wh/kg이 되어, LiCoO$_2$의 137Wh/kg의 17배나 되는 매력적인 양극재이다. 이것에 착안한 연구가 몇 가지 행해지고 있으나, 대별하면 그림 2.4.1과 같이 3종류가 있다.

유기 디설파이드 화합물

$$\text{-(SRS)}_n + 2nLi^+ + 2ne^- \underset{\text{방전}}{\overset{\text{충전}}{\rightleftharpoons}} nLiSRSLi$$

2,5-Dimercapto-1,3,4-thiadiazole
DMcT

분자량　162
에너지밀도　331Ah/kg

카본디설파이드

$$\text{-(CS)}_n + 2nLi^+ + 2ne^- \underset{\text{방전}}{\overset{\text{충전}}{\rightleftharpoons}} nLiSCSLi$$

CS　C$_3$S$_5$　C$_4$S$_6$　C$_6$S$_8$

분자량　90
에너지밀도　596Ah/kg

활선 유황

$$S + 2Li^+ + 2e^- \underset{\text{방전}}{\overset{\text{충전}}{\rightleftharpoons}} Li_2S$$

분자량　90
에너지밀도　1165Ah/kg

그림 2.4.1 유황화합물 양극

1. 유기 디설파이드 화합물

티오레이트기(-SM;M=H, Li 등)를 분자 내에 2개 이상 포함한 유기유황계 화합물(MSRSM)을 디설파이드 화합물이라 한다. 디설파이드 화합물을 산화하면 S-S 결합이 생겨서 폴리디설파이드 $[(SRS)_n]$를 생성하는데, 이것을 환원하면 원래의 MSRSM 모노머로 되돌아 간다. 이 산화환원을 전기화학적으로 일으켜 이차전지로 이용하는 것이 가능하다.

1. 1 Lawrence Berkeley Lab.

이 시스템을 발명한 것은 미국의 Lawrence Berkeley Lab. (LBL)이다. LBL에서는 Na/β-Al$_2$O$_3$/S계를 연구하고 있었는데, 300~350℃라고 하는 고온 작동의 개량연구에 착안하여, SRPE (Solid Redox Polymerization Electrode)를 개발하여, Na/β-Al$_2$O$_3$/SRPE계로서의 작동전압을 130℃까지 내릴 수 있다는 것을 발견했다[33].

다음으로 음극에 Li을 사용하고 고체의 유기유황화합물을 양극으로 하며 격리제로서는 마이크로 포러스 필름(셀가드)을 사용한 전지를 검토하여, USP5,162,175(1992.11.10)에서 그 청구범위는 다음과 같이 한다.

「고체 금속음극, 고체 유기유황화합물, 유기고분자와 전해질염으로 된 세퍼레이터로 구성된 전지. 고체 유기황산화합물 양극은 충전상태에서 $[(R(S)_y)_n]$으로 표시되어, y는 2~6, n은 20 이상, R은 C를 1부터 20까지 가지는 지방족 또는 방향족화합물로, 1개 이상의 산소, 유황, 질소 또는 불소의 헤테로 원자를 포함한다.

또, 고체 유기유황화합물 양극은 충전상태에서 S-S결합을 가지고, 방전상태에서 결합이 끊어져 전지 중의 금속이온과 결합하여 유기유황 금속화합물이 된다」.

양극은 전자전도성을 부여하기 위해서 카본블랙이 혼합되어, PEO/LiN(CF₃SO₂)₂ 등의 SPE가 사용되었다. 특성은 Cd/NiOOH계나 초기의 리튬 이차전지 연구의 주류였던 Li/TiS₂계와 비교하면 표 2.4.1과 같고, 방전특성은 그림 2.4.2와 같이 PEO-Li/TiS₂계에 비해서 5배의 전류밀도에서도 뛰어난 활성물질이 얻어

표 2.4.1 Li/SRS 전지와 종래 전지의 비교

	이론 에너지밀도 Wh/kg	실 에너지 밀도 Wh/kg	체적 에너지밀도 Wh/l	용량 출력 밀도 W/kg
Li/PEO/(SRS)n	1000	264	280	160
Li/PEO/TiS₂	480	120	150	100
Cd/NiOOH	245	35		

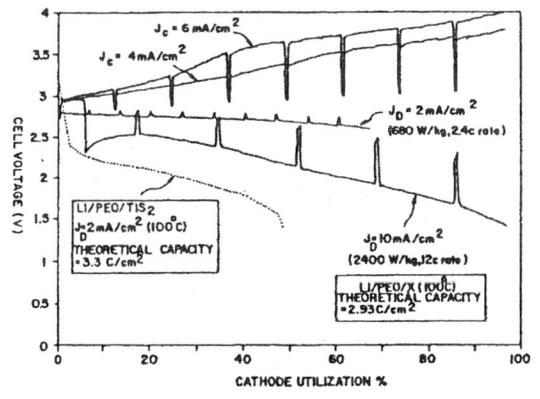

그림 2.4.2 충방전특성 비교

진다고 한다.

디설파이드화합물 중에서 LBL이 검토한 것을 표 2.4.2에 나타내 었다[34]. 표 안의 분자량이 작은 것은 에너지밀도는 높지만 특성이 충 분하지 않으므로, 주로 검토한 것은 X1의 2,5-디메르캅토-1,3,4-티아디아졸(DMcT)이다.

표 2.4.2 SRPE의 예

No	명칭	화학식	E_{Li}^+
X0	2-mercaptoethyl ether	$-(SCH_2CH_2OCH_2CH_2S)_n$	2.5
X1	2,5-dimercapto 1,3,4-dithiadiazole		3.0
X2	dimethyl ethylenediamine		2.8
X3	tetrathio ethylenediamine		2.7
X4	polyethylene imine derivative		2.8
X5	trithiocianuric acid		3.0
X6	dithio piperadine		2.7
X7	2,4-dithiopiyrimidine		2.6
X8	1,2-ethanedithiol	$-(SCH_2CH_2S)_n$	2.5
X9	2-mercaptoethyl sulfide	$-(SCH_2CH_2SCH_2CH_2S)_n$	2.3

1.2 PolyPlus사

미국의 PolyPlus사는 앞에서 기술한 특허 발명자에 의해 설립되어, LBL에서 발명된 SRPE계 폴리머전지의 상용화를 진행하고 있다. Wescon 95 Conference Record, San Francisco CA, Nov, 7-9, 1995라는 이 회사의 리포트에는, 리튬 음극과 in-house polymer ($P(EO)_8$-$LiSO_3CF_3$라 생각된다)의 조합으로, 박층, 전 고체 전지를 플라스틱 라미네이트 공업 기술을 구사하여 로 코스트 전지가 만들어졌다고 한다.

특성은 그림 2.4.3과 같이, 90℃, C/10에서는 700Wh/kg이 얻어지고 있으나, 3.1C의 방전특성을 기준으로 하여 100Wh/kg을 공칭용량으로 하고 있다.

사이클특성은 3.1C으로 100Wh/kg, 즉 C/10으로 700Wh/kg인 14% DOD의 충방전으로 350회를 달성하고 있다. 에너지밀도의 경우, 당장은 100Wh/kg, 120Wh/l이지만, 앞으로는 500 Wh/kg, 600Wh/l가 가능하다고 한다.

1.3 오야마의 연구

오야마 등은 디설파이드계 양극의 작동전압의 고전압화, 작동전압의 평탄화, 상온으로부터 저온까지의 작동, 부하특성의 향상, 사이클특성의 향상을 목적으로 한 신기술의 개발에 성공했다[35,36].

이것은 DMcT를 polyanilinc(PAn), poly(3-butylcar-boxylate-4-methylpyrrole)(PBMPy)와 혼합한 복합전극으로 하고, 집전체를 구리로 하여 이것들의 4요소의 상호작용에 의해 달성되어진 것이다. 음극에는 리튬금속, 전해질은 PAn계의 겔 전해질

방전특성

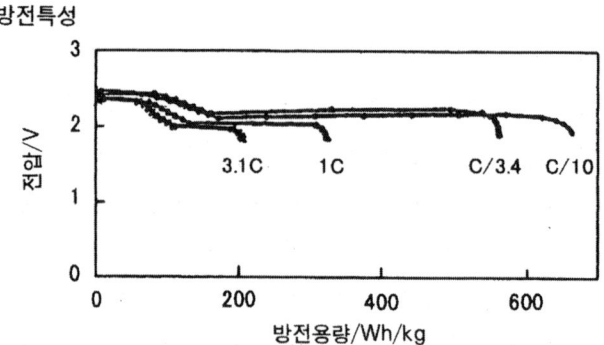

사이클 중의 충방전

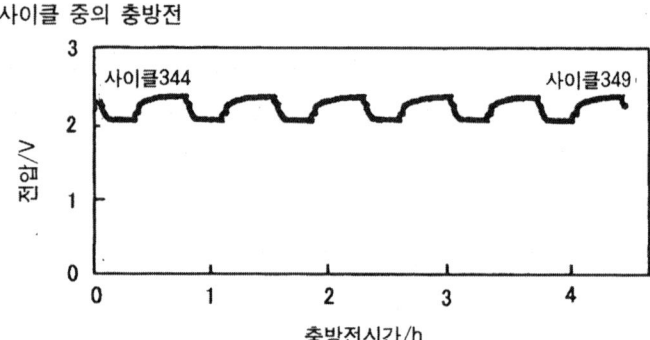

사이클 방전 종료시의 전압

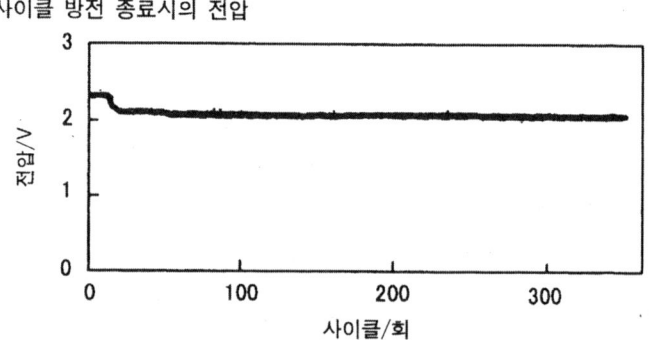

그림 2.4.3 PolyPlus사의 전지특성

이 사용되고 있다.

DMcT에 PAn을 분자 레벨로 혼합한 전극은 DMcT와 PAn의 사이에서 상호작용을 초래함으로써, 그 결과 DMcT 단독으로는 상온에서의 산화환원반응이 늦고 부하특성이 열등했던 점이 개선됨과 동시에, DMcT 단독으로는 Li에 대해서 2.5~3V인 것이 초기 전압이 3.8V 까지 올라, 2.7V 정도까지 완만한 전압 강하를 보이면서 방전된다.

DMcT도 PAn도 양극 활물질로서 작용하지만, 특히 PAn은 DMcT에 대해서 집전기능을 가지는 한편, DMcT는 PAn이 4.75V 이상으로 활성화되는 것을 방지하는 기능을 가진다고 한다. 전지제작 후 제일 첫번째 방전에서는 전압이 충분히 높아지지 않지만, 두번째부터는 복합체를 형성하기 때문에 전압이 높아진다. 복합화에 의해 사이클특성도 크게 개선되었다.

더욱이 DMcT와 PAn의 혼합물을 분말로 사용하는 것이 아닌, N-methylpyrroridone(NMP)에 고점도로 용해시킨 잉크를 도포한 전극으로 하면 안정된 사이클이 얻어지므로 커다란 방전용량을 얻을 수 있다. 이것은, 분말혼합에서는 DMcT와 PAn의 접촉이 충분하지 않았던 것이 잉크의 사용으로 개선되어졌기 때문이다.

이 구성에서는 충방전전류가 $0.05mA/cm^2$ 이상이라면 안정된 사이클특성을 나타내지만, 보다 전류가 커지면 사이클에 따른 열화도 커진다는 문제점이 있다. 이 부하특성을 개선하기 위해 PBMPy를 첨가하면, 끄집어 낼 수 있는 전류가 31~37mA/g에서부터 87 mA/g으로까지 향상된다. PBMPy가 보조집전체로서 작용하기 때문이다.

집전체를 탄소재에 대신하여, Cu, Al, Ni, Ti, Au에 대해서 검

토한 결과, Cu만이 특이한 거동을 나타내어 상당히 안정된 사이클
특성을 얻을 수 있다는 것을 알았다.

이와 같이, DMcT에 대해서 PAn의 첨가, PBMPy의 첨가 및 구
리 집전체의 채용에 의해, 그림 2.4.4에 나타낸 것처럼 오리지널
DMcT와는 다른 뛰어난 전지특성을 얻을 수 있다.

$2 \times 2cm^2$의 모델 셀에서, 작동전압은 3.5~3.0V로서 상당히 평

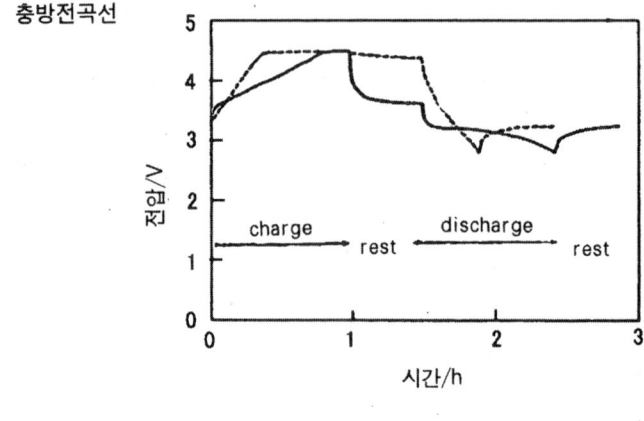

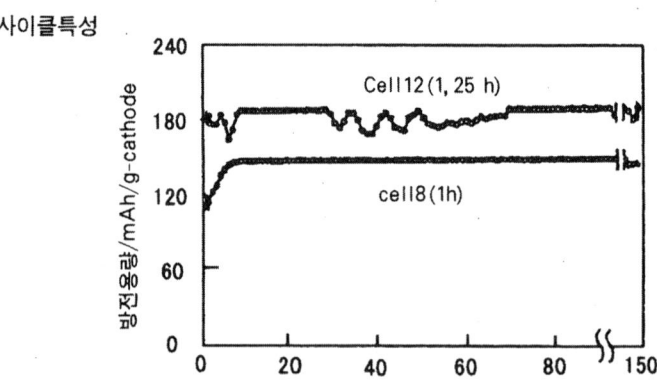

그림 2.4.4 DMcT/PBMPy/Cu계 전극의 특성

탄하고, 상온에서 0.8C의 충방전율로 100%에 가까운 효율을 나타내고 있다. 이들 데이터는 극히 매력적인 것으로, 상온작동형 유황계의 양극 폴리머전지의 가능성을 나타내는 예로서 이후의 완성이 기대된다.

2. 폴리카본설파이드 양극

미국의 Moltech Corporation에서는, $(SRS)_n$의 R이 카본(C)인 폴리카본설파이드 화합물 $[(CS_x)_n]$과 π 전자공역 도전성 고분자 폴리아닐린과의 혼합전극을 양극으로 하는 것을 검토하고 있다[37].

$(CS_x)_n$은 그림 2.4.5와 같이 고분자상태로 충방전되어, 적어도 680mAh/g의 에너지밀도로 일반 산화물 전극의 2배 이상이다. 폴리카본설파이드는 그림 2.4.5 외 그림 2.4.6에 나타내는 각종의 것이 알려져 있는데, 당연히 C_xS_y의 y/x값이 클수록 에너지밀도가 커진다.

Poly(carbon disulfide)-Polyaniline Composite 양극의 제법은 다음과 같다.

48wt%의 Poly(carbon disulfide) 분말과 12wt%의 Polyaniline 분말, 20wt%의 아세틸렌블랙 및 20wt%의 SPE를

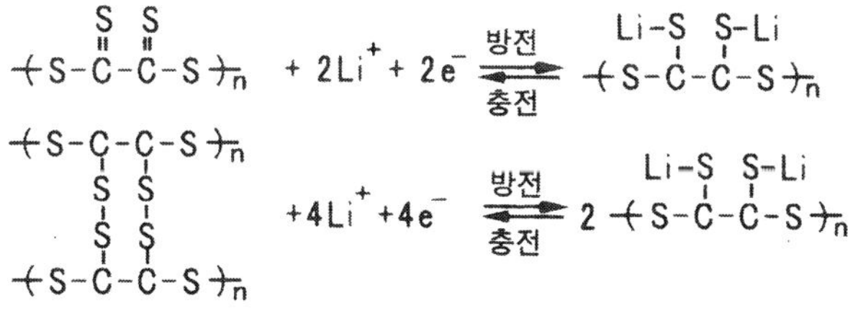

그림 2.4.5 폴리카본설파이드 전극의 충방전반응 예

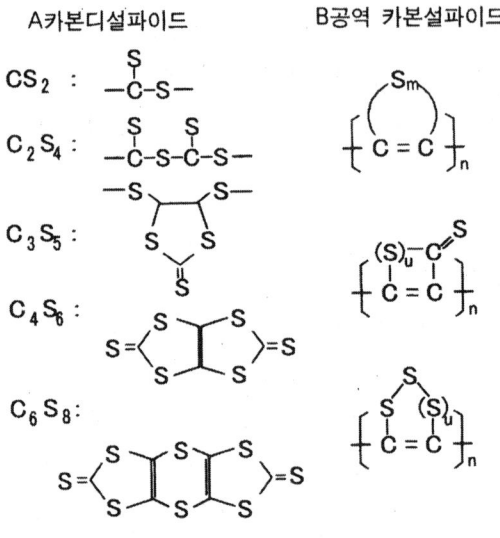

그림 2.4.6 여러 가지 카본설파이드 화합물

물리적으로 혼합하여 양극을 제작한다. SPE는 폴리에틸렌옥사이드
와 에틸렌옥사이드의 측쇄를 가진 폴리실옥산(poly-siloxane-g-
(ethylene oxide)$_7$)과 LiClO$_4$의 혼합물로, 리튬당 24의 에틸렌
옥사이드 단위이다.

이 혼합물을 아세트니트릴에 용해하고, Poly(carbon disul-
fide), Polyaniline과 아세틸렌블랙의 혼합물에 더하여 점성이 높
은 슬러리를 얻는다.

이 슬러리를 Ni박 위에 100μm의 두께로 캐스트하여, 용제를 건
조하여 양극으로 한다. 이것을 리튬 음극, 폴리실옥산전해질과 조합
하여 전지를 제작한 결과, 전지전압은 3.23V가 얻어졌다.

폴리아닐린이 첨가되지 않은 경우는 2.85V이고, 폴리아닐린의
첨가는 전압의 향상에 기여할 뿐만 아니라 전도성의 향상에도 기여

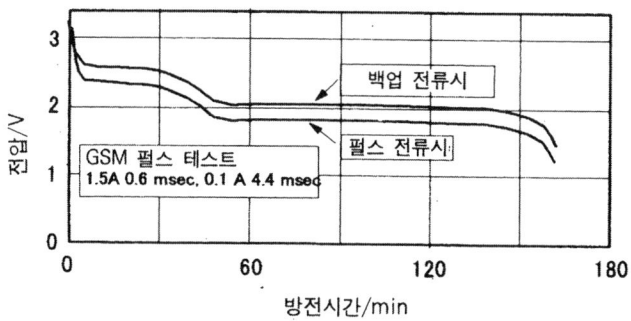

그림 2.4.7 Moltech 전지의 GSM 펄스 방전특성

한다.

Moltech은 최근, 그림 2.4.6-B와 같이, 보다 고에너지밀도인 폴리카본설파이드에 착안하고 있다[38]. 이들의 화합물은 공역 이중결합이 연결된 카본 사슬로, 각 이중결합 부분에 10~20의 S가 고리 모양으로 결합되어 있다. 방전하면 S는 고리에서 떨어져 Li_2S_x를 형성하고 전해액 속으로 용출되지만, 충전하면 다시 주 사슬 고리

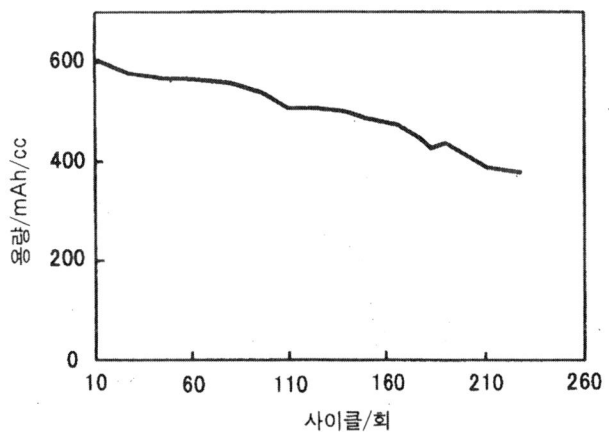

그림 2.4.8 Moltech 전지의 사이클특성

표 2. 4. 2 Moltech 전지의 리튬이온 각형 전지와의 특성 비교

	Moltech	비 교			
		A	B	C	D
사이즈(mm)	34×48 ×3.5	22.5×48 ×8.1	22×48 ×6.4	34×48 ×8	34×48 ×14
체적 (cm³)	5.7	8.7	6.5	13.1	22.8
중량(g)	6.5	18	19	34	54
전압(V)	2.1	3.6	3.6	3.6	3.6
용량(mAh)	950	550	400	800	1600
에너지 (Wh)	2.0	2.0	1.45	2.9	5.8
에너지 (Wh/kg)	310	110	76	85	109
밀도(Wh/l)	350	150	220	220	250

모양으로 결합한다.

이것을 이용한 편평형의 전지 샘플을 개발중이나, 그 방전특성은 그림 2.4.7에 나타낸 것과 같이 GSM 펄스 방전의 중부하에도 견디는 것이다. 그림 2.4.8의 사이클특성에는 200회로 초기 특성의 70%로서 약간 문제가 있긴 하지만, 그 에너지밀도가 높다는 것이 특징이다. 표 2.4.2에 이 회사의 공표에 의한 타사 리튬이온 각형 전지와의 비교를 나타내었는데, 특히 중량 에너지밀도가 우수하다.

3. 활성 유황

활성 유황이란 전기화학적으로 활성인 단체유황인데, 이것을 폴리머라고 해도 좋을지 어떨지 의문이지만, 앞에서 서술한 2종류의 유황화합물의 연장선에 있을 뿐만 아니라 지향하고 있는 전지가 폴리머전지와 같은 것이므로 함께 설명한다.

Polyplus사에서는 한층더 고용량을 겨냥하여, 활성 유황 (active sulfur)을 제안하고 있다[39].

활성 유황이란 유황단체이고 전기화학당량은 16이므로, 1675 Ah/kg(유황)의 이론용량이 된다. 활성 유황은 폴리머전해질 또는 겔 폴리머전해질을 아세트니트릴 등의 희석제에 용해한 것이다.

유황과 카본블랙 및 DMcT를 혼합하여, 오랫 동안 저어가면서 호모지니어스(균일한) 슬러리를 제조하고, 이것을 캐스트-건조해서 얻는다. 금속리튬과 조합하면 2.6~1.8V의 전압이 얻어진다.

전극 중에는 다량의 탄소 도전조제가 필요하므로 유황의 양은 약 50% 정도로 제한되지만, 그것을 감안하더라도 에너지밀도는 800 mAh/g(전극)이 되고, 90℃에서 0.1mA/cm^{2}의 방전일 경우 진성 SPE를 사용한다 해도 90%의 높은 이용률을 얻을 수 있다. 30℃에서의 사용에 대해서는 겔 SPE를 채용하여, 0.02mA/cm^{2}에서 1000mAh/g·S의 용량, 0.1mA/cm^{2}에서 700mAh/g·S의 용량을 얻을 수 있다.

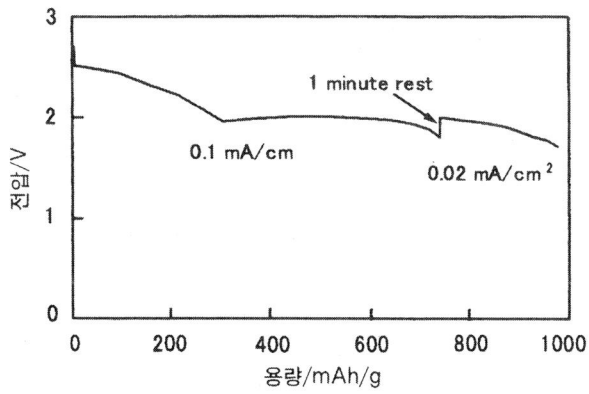

그림 2. 4. 9 활성 유황의 방전특성

사이클은 90℃ 전지인 경우에 400mAh/g(S)으로서 37회까지 종지전압이 변화하지 않았던 데이터가 있으나, 방전심도가 25%에 지나지 않으므로 100% DOD에서는 어떻게 될지 알 수 없다. 현재 상태로는 깊은 충방전을 할 만큼의 기술에는 이르지 못할 것같다.

4. 유황계 양극의 방전반응

유황계 양극활물질의 충방전반응은 복잡하고 화합물의 종류에 따라 방전반응이 기본적으로 다르기 때문에, 이것을 다음과 같이 정리할 수 있다.

4.1 유기 디설파이드 화합물

단독의 유기 디설파이드 화합물의 방전반응 메커니즘은 비교적 명확하여, 일반적인 방전전압 범위에서는 그림 2.4.10과 같이 ····R-S-S-R····의 S-S 결합부가 절단되어, Li$^+$과 일렉트론이 들어가서 Li-S-R-S-Li를 생성한다. 충전은 그 역반응이다.

이 방전반응 메커니즘에 의한 이론용량은 DMcT인 경우에 362 Ah/kg이 되어, LiCoO$_2$의 137Ah/kg의 2.6배가 된다. 이론전압은 명확하지 않으나, DMcT/Li계의 실측에서는 주 작동전압역에서 2V이다.

이 값을 이용하면 DMcT/Li계의 이론 에너지밀도는 724Wh/kg이 된다. 이것은 리튬이온 전지인 Li$_{0.5}$CoO$_2$/LiC$_6$계의 360Wh

$$-(S-R-S)_n + 2n\,Li^+ + e^- \underset{충전}{\overset{방전}{\rightleftharpoons}} n\,Li-S-R-S-Li$$

그림 2.4.10 유기 디설파이드의 충방전반응

/kg의 2배가 되어, 이론적으로는 고에너지밀도 전지의 가능성을 가지고 있다.

4.2 유기 디설파이드 복합화합물

유기 디설파이드 복합화합물 단독으로는 방전반응 메커니즘이 간단하나, 오야마가 제창한 「DMcT-폴리아닐린(PAn)-폴리피롤

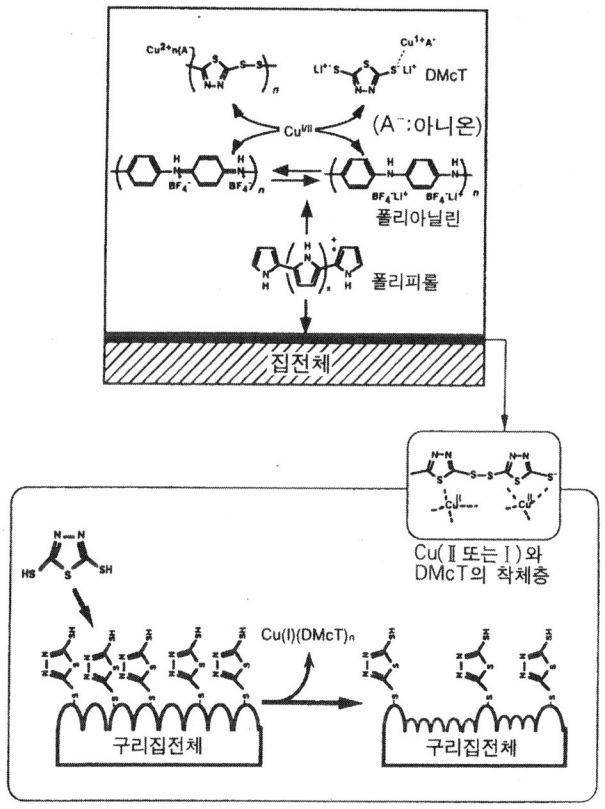

그림 2.4.11 DMcT 복합계 전극의 방전반응 개념도
(출전 : ポリマーバッテリの 最新技術, CMC, 1998)

(PPy)-동전극의 복합계」의 충방전반응은 상당히 복잡하다.

오야마 등은 그림 2.4.11과 같이, 이들의 복합계 재료의 방전반응이 서로 관여하고 있다고 설명하고 있다.

이 상호작용에 의해 DMcT 단독보다 반응속도가 빨라져, 그 결과 부하특성이 개선되고, 동시에 작동전압이 DMcT 단독의 2V로부터 3V로 올라가는 불가사의한 현상이 일어난다. 이것은 PAn이 방전하는 전압에 상당하나, 방전한 PAn을 전위가 낮은 DMcT가 화학적 충전을 하고 있다는 것이 된다. 오야마 등은 이것을, DMcT와 PAn이 화학적으로 복합화하여 DMcT의 환원전류 피크가 PAn의 환원전위 부근의 고전위로 시프트한 것이라고 설명하고 있다.

PPy의 첨가는, 충방전과정에 있어서 PAn이 완전히 산화되어 도전성을 잃어버리는 전위에 있어서도, PPy의 산화는 π 공역계 상에 포로란과 바이포로란을 생성하여 도전성을 유지하고, 양극 전체로서의 도전성을 유지하기 때문에 1C의 높은 전류밀도의 충방전에서도 용량 저하를 일으키지 않는 것이 가능하다고 한다.

또 Cu전극을 사용하면, Cu도 그림의 메커니즘에서 DMcT-Cu 착체를 형성하여 이 착체가 빠른 전자이동 반응을 하기 때문에, 한층 높은 전류밀도로서의 충전이 가능하게 되고, 또 용출 Cu도 일부 활물질로서 반응하기 때문에 용량도 향상된다.

그렇게 될 경우, 이들의 설명이 모두 옳다고 하더라도 충방전반응식을 어떻게 표시하면 좋을지, 이론 에너지밀도는 어떻게 해야 할지 당혹스러워진다.

4.3 폴리카본설파이드

폴리카본설파이드는 카본과 유황의 2원소로 구성된 물질이나, 그

방전반응 형태에 의해 2종류로 대별된다. 하나는 그림 2.4.6의 A타입 화합물로, 이 경우는 그림 2.4.5와 같이 카본 사슬은 끊어지지 않고 항상 폴리머 상태를 유지한다. 이것은 유기 디설파이드의 경우, 방전으로 폴리머 사슬이 끊어져 모노머를 생성하는 것과는 대조적이다.

방전에 의해 모노머가 생성되는 것은, 이것이 전극으로부터 유리되어 전해액 중에 녹는 것으로, 충전에 대해서는 용출된 모노머가 다시 전극으로 돌아오는 것이 필요한데, 이는 일반적으로 번거로운 문제이다. 폴리카본설파이드는 주된 사슬이 끊어지지 않을 뿐만 아니라, 유황원소도 항상 주된 사슬의 카본과 결합하고 있기 때문에 충방전에 따라 용출하는 경우는 드문데, 이러한 점에서 이상적인 전극이라 할 수 있을 것이다.

용량밀도는 그림 2.4.6의 종류에 따라 다르지만, 가장 단순한 CS_2 또는 C_2S_4의 경우 양극만으로 353Ah/kg이고 전압은 역시 약 2V이므로, CS_2/Li계에서 646Wh/kg라는 고에너지밀도가 얻어진다.

또 하나의 폴리카본설파이드는 그림 2.4.6의 B타입 화합물로서 주 사슬은 카본으로 구성되어 있으나, 하나 건너마다 공역 이중결합을 가지고 있다. 이 공역 이중결합에 유황원소가 고리모양으로 나란히 줄지어 있다.

이 경우는 방전에 의해 유황원소가 주 사슬로부터 떨어져서 리튬이온과 결합하여 LiS_x를 생성한다. 이것은 다음 페이지의 활성 유황과 같은 현상이므로, 다음 페이지에서 참조하기 바란다. 용량밀도는 C_2S_{10}의 경우 모두 Li_2S까지 방전하면 1558Ah/kg이고, 양음극의 에너지밀도는 2214Wh/kg이 된다.

$$2\ Li\ +\ S_x\ \Longleftrightarrow\ Li_2S_x$$

$$2\ Li\ +\ S_8\ \Longleftrightarrow\ Li_2S_8$$

$$2\ Li\ +\ Li_2S_8\ \Longleftrightarrow\ 2\ Li_2S_4$$

$$2\ Li\ +\ Li_2S_4\ \Longleftrightarrow\ 2\ Li_2S_2$$

$$2\ Li\ +\ Li_2S_8\ \Longleftrightarrow\ 2\ Li_2S$$

그림 2.4.12 활성 유황의 방전반응

4.4 활성 유황

활성 유황이라고 하면, 양극은 유황 단독으로 이것에 카본을 도전 조제로서 혼합한 것이기 때문에, 가장 단순화한 방전반응은 그림 2.4.12와 같이 된다.

여기에 Li_2S_x의 x는 8부터 1까지 임의의 상태가 가능하여, x가 작을수록 방전깊이가 깊다는 것을 나타낸다. 궁극의 $x=1$을 상정하면, 양극의 용량밀도는 1675Ah/kg이며, S_8/Li계에서는 전압 2V로서 1165Wh/kg이라고 하는 굉장한 것이 된다.

그러나 현실적으로는 Li_2S까지 방전하면 재충전은 불가능하여, 충전 가능과 동시에 어느 깊이까지 방전할 수 있는지의 기술개발이 키 포인트가 될 것이다.

50%까지만 방전된다고 하고, 그 위에 전지에 관한 활물질 충진의 중량 %가 50%에 이른다고 해도 300Wh/kg으로, 현재 리튬이온

전지의 3배가 된다.

　활성 유황 또는 B 타입의 카본설파이드에서는 방전에 의해 Li_2S_x 가 생성되어, 이것이 전해질 중에 용출한다는 것은 유기 디설파이드 가 갖는 문제와 동일한 것이다.

제5장
폴리머전지의 안전성

1. 과충전특성

그림 2.5.1은 BEI의 크레디트 카드 40mAh 전지의 1C 레이트에서의 과충전특성을 리튬이온 전지와 비교하여 나타낸 것이다. 리튬이온 전지에서는 1C 레이트로 보호회로 없이 충전하면, 사용범위의 $Li_{0.5}CoO_2$까지는 전지전압의 상승이 전극전위 자체의 상승에 따르게 되지만, 1시간을 넘어서 Li가 0.5 이하가 되면 전압의 상승은 전극전위의 상승을 넘어 상승하여, 2시간에 가까워지면서 Li가 0에 가까이 가면 전압은 급격히 상승하고, 동시에 온도 내압도 올라가 파열 또는 과열, 발화하기도 한다.

이것에 대해서, BEI의 폴리머전지에서는 1시간이 지나면 전압 상승은 오히려 완만해지고, 2시간 정도에서 4.65V에 달한 후 안정된 전압을 나타내며, 온도 상승도 거의 없고 전지가 부풀어지는 경우도 없다. 6C 상당분의 6시간 과충전을 해도 어떠한 이상도 발생하지 않고, 그 뒤에 방전하면 공칭용량의 1.6배의 용량이 얻어진다.

이와 같은 과충전특성은 500회의 일반적인 사이클을 행한 후에도 거의 같은 결과가 얻어져, 리튬이온 이차전지 또는 다른 폴리머 리튬이온 전지에서는 볼 수 없는 상당히 뛰어난 특성을 보인다.

그림 2.5.2에 Ultralife 전지의 과충전특성을 나타내었다. 이 경

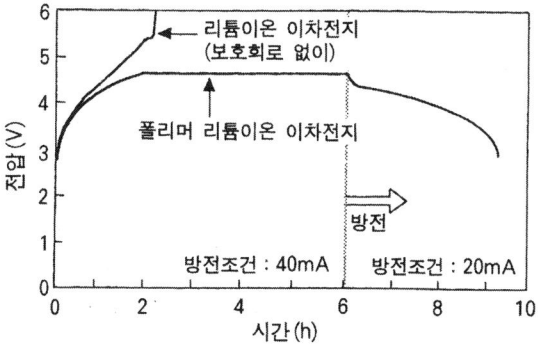

그림 2.5.1 BEI 전지의 과충전특성

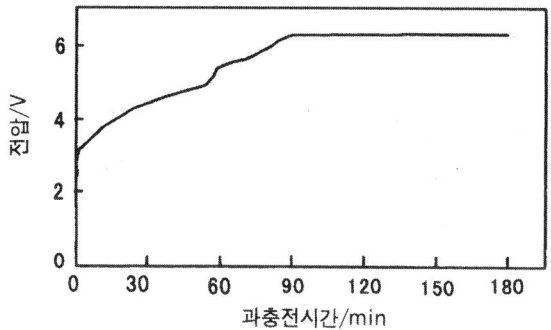

그림 2.5.2 Ultralife 전지의 과충전특성(75mAh 전지 : 1C)

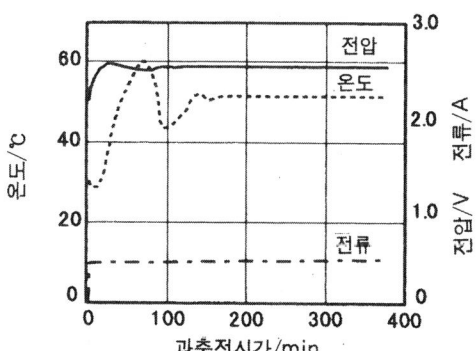

그림 2.5.3 Moltech 전지의 과충전특성(AA사이즈 : 1C)

우, 전압은 6.5V까지 상승하지만, 부풀어짐, 파열이나 과열, 발화
는 없다고 한다.

그림 2.5.3에 Moltech 전지의 과충전특성을 나타내었다. 이 경
우, 전압은 2.5~2.6V에서 안정하고, 부풀어짐이나 파열 및 과열,
발화는 없다고 한다. 전압이 안정되어 있는 것은, 충전으로 리튬 표
면에 Li_xS_y의 보호피막이 생겨, 이것이 셔틀반응을 일으키기 때문이
라고 생각된다. 이 과충전 대응 메커니즘은 각각 독자적인 것같으나,
흥미로운 것은 어느 전지나 과충전에 대해서 뛰어난 특성이 인정되
고 있다는 것이다. 이것은 장래 보호회로의 폐지 또는 간략화로 이어
질 것으로 기대된다.

2. 과혹 사용조건에서의 안전성

표 2.5.1−2.5.4에 BEI, Yuasa, Ultralife, Moltech 각 사
전지의 각종 과혹 시험결과를 나타내었다. 어느 전지도, 리튬이온 전
지에 대해서는 상당히 엄격한 조건으로서, 전혀 불안전성이 인정되

표 2.5.1 BEI 전지의 안전성 평가

항 목	방법·경과	결 과
과방전 1C/6h, 2C/3h, 3C/2h	온도 상승 미소	파열, 발화, 부풀어짐 없음
과충전 1C/6h, 2C/3h, 3C/2h	온도 상승 미소	파열, 발화, 부풀어짐 없음
12V/50min	3.3V→4.4V 22℃→25℃	파열, 발화, 부풀어짐 없음
20℃ 단락	22℃→37~46℃	파열, 발화, 부풀어짐 없음
60℃ 단락	60℃→77℃	파열, 발화, 부풀어짐 없음
못 찌름 실험		파열, 발화, 부풀어짐 없음
불 속 투입		파열 없음

표 2.5.2 Yuasa 전지의 안전성 평가(400mAh 전지)

시험항목	시험조건	시험결과
침 찌름 시험	과충전 전지에 6회 압정을 찌르고 뺌	25℃→46℃로 상승, 형태변화 없음
고온단락시험	과충전 전지를 60℃에서 단락	60℃→85℃로 상승, 형태변화 없음
과충전시험	2개 직렬을 1C/6h 충전	전압 4.5V, 2.2→6mm로 팽창
강제방전시험	2개 직렬을 1C/6h 방전	두께 2% 증가
굽힘 시험	R250→90→70→43→35.5	전지전압 변화 없음

표 2.5.3 Ultralife 전지의 안전성 평가(650mAh 전지)

항 목	최대온도	비 고
20℃ 단락	70℃	최대 10A, 벤트, 발화, 파열 없음
55℃ 단락	75℃	최대 12A, 벤트, 발화, 파열 없음
과충전	71℃	12V, 50mm 충전으로 벤트, 발화 파열 없음
강제방전	41℃	3개 충전+1개 방전 직렬, 2C 방전으로 벤트, 발화, 파열 없음
못 찌름	35℃	

표 2.5.4 Moltech 전지의 안전성 평가(단3형)

항 목	최대온도	비 고
충돌	72℃	
20℃ 단락	68℃	최대 19A, No Venting, Fire, Explosion
가열	150℃	3℃/min, 150℃/10분 보존, 150℃ 10분 후에 전압 0.5V까지 급강하 No Venting, Fire, Explosion
과충전	24℃	120 사이클 후 750mA 과충전, 전압은 2.8V로 상승 후 2.5V에서 안정 Bulged, No Venting, Fire, Explosion
강제방전	32℃	450mA 방전, 전압 2V→−0.5V→−0.2V No Venting, Fire, Explosion
못 찌름	60℃	2분에 전압 0V

지 않고 있다. 1개가 5Ah라든지 10Ah와 같은 대형 전지인 경우에 대해서는 각 사 모두가 평가되어 있지 않으나, 리튬이온 이차전지의 세력범위인 1.5Ah 이하에서는 리튬이온 전지가 대단한 배려를 하지 않는 한 안전성이 유지되지 않는다는 것에 대해 폴리머전지는 안전성 유지 메커니즘의 상당한 간략화가 가능하다고 생각된다.

제3편

무한한 가능성을 내포한
폴리머전지

제 2편에서는 각종 폴리머전지의 기술개발 현상을 개괄했는데, 폴리머전지는 앞으로 어떠한 발전을 전개해 갈 것인가? 제3편에서는 폴리머전지의 미래에 대해서 살펴보자.

폴리머전지가 사용되는 영역은, 3C 기기를 중심으로 하는 민생의 휴대용 전자기기와, EV나 로드 레벨링 등 대형으로 한 장소에 설치하거나 차에 실어서 사용하는 분야가 있다. 후자는 고온형의 진성 SPE 전지가 타깃으로 되고 있으나, 당연 겔 SPE 전지도 참가할 수 있다. 이들 전지가 기존의 납 축전지, 니카드 축전지, MH 축전지, 리튬이온 이차전지와 격렬한 경쟁을 전개할 것이다. 제브라전지, 연료전지, 커패시터도 경쟁상대가 된다. 그러나 이것은 조금 나중으로 미루고, 본 서에서는 이 분야에 있어서의 예측을 생략한다.

민생기기 분야에 있어서는, 3C 기기, 특히 휴대전화와 노트형 PC 분야에 있어서, 우선 겔 SPE 전지가 1998년부터 1999년에 걸쳐 등장하였다. 당면한 $LiCoO_2$ 양극이 중심이 되겠지만, $LiMn_2O_4$도 역시 로 코스트와 안전성을 무기로 사용될지도 모른다. 또 하나 기대되는 것은, SPE 전지의 높은 안전성을 이용하여 $LiNiO_2$ 양극의 도입과 금속 리튬의 도입도 가능해질지 모른다는 점이다. 또한 앞으로 발전 가능성이 있는 것으로서 도전성 고분자의 병용을 들 수 있는데, 한층 더 차세대의 전지로서 유황계 양극의 채용이 기대된다. 이러한 것들에 의해, 리튬이온 이차전지로서는 달성되지 않는 고에너지밀도가 기대된다.

더욱이 보호회로·안전장치의 배제 또는 간략화, 높은 전압을 하나의 전지로서 달성하는 바이폴러 전지 또한 기대된다.

제 ❶ 장
폴리머전지의 형상 전개

1. 겔 SPE 전지의 상황

현재까지 세계의 각사로부터 제품 또는 샘플로서 공식적으로 발표된 겔 SPE 전지를 표 3.1.1에 나타냈다.

이들 전지는 어느 것이나 기존 이차전지의 원통형이나 각형 구조가 아니라 플랫 형상으로, 두께는 0.5~4mm의 박형인 점 또는 외장용기가 알루미라미네이트 필름이라는 점을 공통으로 갖는다.

표 3. 1. 1 발표된 겔 SPE 전지

메이커	사이즈(mm)	중량 (g)	용량 (mAh)	에너지밀도		용도
				Wh/kg	Wh/l	
Ultralife	43×151×6	48. 8	1350	100	125	노트 PC
Shubila	38×66×4. 4	14	400	100	130	휴대폰
Yuasa	147×201×1. 25	70	1750	90	171	노트 PC
	54×74×2. 2	15	400	96	163	오디오
	35×62×3. 6	15	500	120	230	휴대폰
마쯔시타	35×62×3. 8	16	540	130	240	휴대폰
소니	85×150×2. 5	60	1700	105	197	노트 PC
BEI	54×83×3. 5	24	700	108	165	휴대폰
	47×65×1. 7	5	100	74	74	PC 카드
	23×23×0. 8	0. 5	10	74	88	의료용
	31×31×6. 5	8	10			동(同) 팩 25. 2V

양극은 Bellcore계의 Ultralife가 $LiMn_2O_4$이지만, 그 외에는 리튬이온 이차전지의 주류인 $LiCoO_2$를 사용하고 있다. 음극은 Yuasa가 코크스계를 사용하는 것 외에는 흑연계이다.

SPE는 Ultralife와 Shubila가 Bellcore의 P(VdF-HFP) 코폴리머의 전해액 함침형, BEI는 3성분 모노머, Yuasa는 PEO-PPO-아크릴레이트의 *in situ* 중합에 의한 공유결합 입체 가교구조의 겔 SPE를 사용하고 있다. 마쯔시타와 소니는 무엇을 사용하고 있는지 공표하고 있지 않다.

부하특성으로서는 1C로서 사용 가능, 사용온도 범위는 대략 −10~60℃까지로서, 누액이 없고 안전성이 리튬이온 이차전지보다 극단적으로 뛰어나다는 것이 공통된 특징이다.

2. 전지의 형상은 어떻게 전개되는가

겔 SPE 전지는 리튬이온 이차전지와 동일한 형상의 원통형이나 각형으로 하게 되는데 여기에는 아무런 문제도 없다. 표 3.1.1의 플랫 구조는 SPE 전지를 가지고 처음으로 달성 가능하게 된 구조로서, 표 3.1.2와 같은 장점이 있으므로 이 형상이 선택된 것이다. 앞으로도 SPE 전지의 주류는 이러한 형상일 것이다.

누액이 기본적으로 없다는 것과 안전성에 뛰어나다는 특징 때문

표 3.1.2 플랫 구조의 장점

항 목	겔 SPE 전지	리튬이온 전지
두께	4mm 이하 가능	원통형>14mm, 각형>6mm
외장용기	알루미라미네이트 필름(저가)	캔과 안전마개 (고가)
누액	없다	있다
안전성	보호장치 없이도 기본적으로 안전	불안전 가능성이 있음

에, 알루미라미네이트 필름을 외장용기로서 사용하는 것을 가능하게 하고, 나아가서는 이것이 종래 달성되지 않았던 초박형화를 달성해서, 경박단소화를 지향하고 있는 3C 기기시장의 사용자들에게 적용시키고 있다.

누액이 없다는 것을 전제로 하므로, 겔 SPE를 선택함에 있어서는 어떠한 환경에서도 기본적으로 누액 가능성이 없는 것으로서, 그림 2.2.13(p95)의 D나 E가 최선이며, C는 재료에 따라 고온에서 문제가 있고, B는 상온에서도 누액 가능성이 있다고 생각해야 한다.

알루미라미네이트 필름 외장의 겔 SPE 전지의 안전성은, 리튬이온 전지에 비해서 표 3.1.3과 같다[25]. 폴리머 이차전지에 대해서는 각 사의 제품들이 다소 차이가 있기는 하지만, 누액을 제외하면 대략 이 범주에 있다고 볼 수 있다.

발열온도가 낮은 것은 사용하고 있는 화학계의 본질적인 문제도

표 3.1.3 겔 SPE 전지의 안전성 비중

항 목	폴리머 리튬 이차전지		리튬이온 이차전지	
못 찌름 시험	파열 없음, 발화 없음, 누액 없음 (온도 상승 20℃ 미만)	○	파열, 흰 연기를 내는 것이 있다. 누액 있음 (온도 상승 약 250℃)	×
핫 플레이트 가열 (200℃)	파열 없음, 발화 없음, 누액 없음	○	파열, 발화하는 것이 있음 누액 있음	×
외부단락	파열 없음, 발화 없음, 누액 없음 (온도 상승 20℃ 미만)	○	파열 없음, 발화 없음, 누액 있음 (온도 상승 약 100℃)	△
과충전	파열 없음, 발화 없음, 누액 없음 (온도 상승 20℃ 미만)	○	파열하는 것이 있다 누액 있음 (온도 상승 약 100℃)	×

전부 보호회로 없이 베어셀에서 평가

있으나, 극히 효과적인 것은 그 방열면적이다.

용량이 약1500mAh의 ICR18650인 경우 그 측면의 면적은 37cm²이나, 같은 1500mAh을 150×200×1.5mm의 A5 사이즈로 하면, 면적은 600cm²로서 16배나 된다.

게다가 전지의 두께가 얇기 때문에, 내부의 열을 빨리 외부로 방출할 수 있다.

제1편에서 이차전지, 특히 MH 축전지나 리튬이온 이차전지와 같은 새로운 전지의 주용도는 3C 기기라는 것을 설명했다. 이 분야에서는 지금부터 점점 급박하게 경박단소화의 경쟁이 전개되고 있으므로, 박형화가 가능한 SPE 전지는 매우 유리한 입장에 있다.

PC의 경우, 이제부터는 2대째, 3대째의 보유시대로, 2대째 중 하나의 방향설정에 있어서 휴대용도에 특화된 기종을 들 수 있다[40].

2대째를 휴대용으로 특화한 경우, 사용자는 1대째와 병행하여 사용하므로 당연 1대째와는 다른 특징이 있는 것을 원하게 된다.

예를 들어 NEC가 1997년 가을에 발표한 B5판의 소형 PC 「Mobio」의 경우, 사용자의 80%가 2대째 이후의 PC로서 선호하

표 3. 1. 4 경량박형 노트 PC의 사양

	이전 상태	2000년
OS	Windows 95	Windows CE
액정 패널	백라이트 부착 컬러	반사형 컬러
이차전지	리튬이온 이차전지	리튬폴리머 전지
두께	23. 9~35mm	1/2인치(12. 7mm) 이하
무게	1. 1~1. 6kg	0. 6kg 이하
평균소비전력	10~12W	0. 7~1. 0W
전지작동시간	약 3시간	24시간 이상

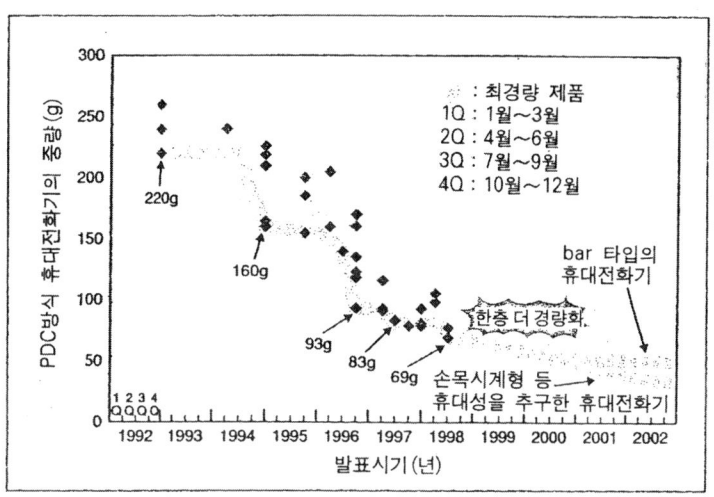

그림 3. 1. 1 휴대전화기의 경량화 경향

고 있다고 한다.

경량박형의 휴대형 노트 PC로서, 닛케이 일렉트로닉스는 표 3.1.4와 같이 대담한 예측을 하고 있다. 여기에서는 이전 상태보다 다소 소형 박형의 전지를 상정하여 전지의 작동시간을 24시간 이상으로 하고 있으나, 전지의 작동시간을 5시간 정도로 한정하면 한층 더 박형화가 가능해질 것이다.

휴대전화는 과거 착실히 중량의 감소가 이루어져 왔다.

일본에서 디지털 휴대전화방식 PDC의 서비스 개시 당시인 1993년은 중량 220g이 최경량이었지만, 1995년에는 160g이 되고, 1996년말에는 마쯔시타 통신공업과 NTT 도코모가 93g을 달성하여 한 번에 100g 이하가 되었으며, 1998년 7월에는 쿄세라가 69g을 개발하여, 지금은 50g 이하로 틀림없이 달성될 것으로 기대하고 있다[41].

이와 같은 소형 박형 경량화의 움직임에 의해 3C 기기에 있어서 리튬폴리머 전지의 침투는 급속히 진행될 것으로 전망된다.

한편, 3C 기기 이외에도 겔 SPE 전지의 장점을 살린 새로운 시장이 전개될 수 있다. NTT와 신고베 제강소는 새로운 타입의 오디오 기기 Solid Audio를 개발했다.

16M바이트의 EEPROM을 탑재하여, NTT가 개발한 오디오 부호화 방식 TwinQC로서 압축한 음악 데이터를 기록하는 것이다. 기기의 사이즈는 85.4×54×8.4mm의 크레디트 카드 사이즈로서, 이것의 전원으로 51×75×1.5mm의 175mAh 리튬폴리머 전지를 사용한다[24,42].

미국의 BEI의 고객으로, 소형 명함 사이즈의 두께 1mm 이하인 100mAh의 폴리머전지를 PC카드의 종류로 사용하는 움직임이 있다. 또 의료기기의 분야에서 24V, 10mAh의 최소형 전지의 사용이 시도되고 있다.

이와 같이 겔 SPE 리튬 이차전지가 있다면, 그것을 사용한 새로

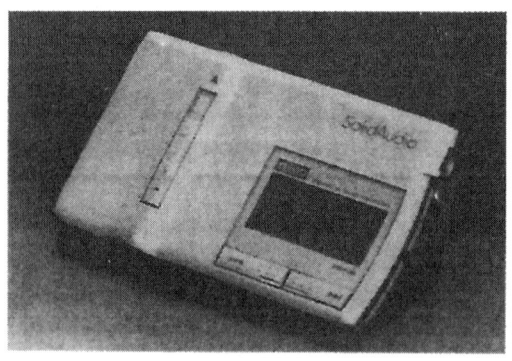

그림 3. 1. 2 솔리드 오디오

그림 3. 1. 3 PC 카드용 전지

그림 3. 1. 4 의료기기용 초소형 전지

운 기기를 개발하려고 하는 움직임이 반드시 수반된다. 그것이 전지의 신제품이 항상 거쳐왔던 길이다. 이와 같은 경우도 폴리머전지를 사용하는 기본 개념은, 그것의 박형화와 누액이 없는 뛰어난 안전성이 될 것이다.

3. 박형화와 에너지밀도

전지의 에너지밀도, 특히 체적 에너지밀도는 전지의 형상에 크게 지배되어, 휴대전지로서는 단1형처럼 어느 정도 크고 땅딸막한 것이 가장 체적 에너지밀도가 높기 때문에, 소형, 박형화할 경우 에너지밀도가 저하되는 것이 일반적이다.

그림 3.1.5는 산화은전지의 예로서, 두께가 2mm 이하로 되면 에너지밀도가 급격히 저하되는 것을 이해할 수 있을 것이다[43].

겔 SPE 리튬이온 이차전지를 액체전해질 리튬이온 이차전지와 체적 에너지밀도로부터 본 장점과 단점 또는 호각을 이루는 항목은 표 3.1.5에 나타내었다. 또 양극은 어느 것이나 LiCoO₂를 사용하고, 음극은 흑연을 사용하며, 전지구조는 리튬이온 전지가 원통형 또는 각형으로, 폴리머전지는 플랫 구조로서의 비교이다.

상기의 장점과 단점 중에서 실제로 전지를 개발한 결과가 표3.1.1 인데, 에너지밀도는 100Wh/kg, 250Wh/l의 레벨에 있어, 리튬

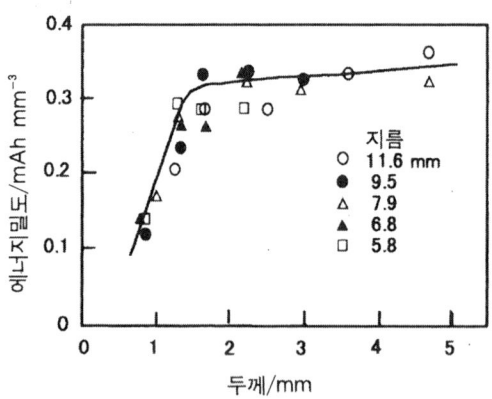

그림 3.1.5 산화은전지의 두께와 용량의 관계

이온 이차전지와 거의 같다고 여겨진다. 그런데 앞에서 서술한 것과 같이 2~3mm의 폴리머전지는 기본적으로 >6mm의 리튬이온 전지보다 불리할 수 있으므로, 같은 사양에서 비교한 결과를 표 3.1.6에 나타내었다.

#1은 원통형 ICR18650인데, 체적은 외접각주로서 계산하고 있

표 3.1.5 에너지밀도로부터 본 폴리머전지의 장단점

	현재 상태	장래 전망
장점	캔을 필요로 하지 않음 복잡한 마개를 사용하지 않음 전지 내에 공간을 필요로 하지 않음	
대등	양극 활물질이 같다 음극 활물질이 같다 집전체(양극, 음극)가 같다 전해액계가 유사	LiNiO₂ 사용의 가능성 금속리튬 사용의 가능성
단점	전해액량(가소제)이 약간 많다 SPE가 세퍼레이터보다 약간 두껍다	동등화까지의 감량 가능 얇은 부직포의 개발로서 대응

표 3.1.6 리튬이온 전지와 겔 SPE 전지의 사이즈와 용량

		1	2	3	4	5	6
사이즈 (mm)	폭 높이 두께	18 65 65	34 48 8	34 48 5	34 48 3	100 150 3	150 200 2
리튬이온	용량(mAh)	1300	800	450	실현 불가능	실현 불가능	실현 불가능
	에너지밀도 (Wh/l)	222	220	199			
겔 SPE	용량(mAh)	1200	720	450	250	2800	3400
	에너지밀도 (Wh/l)	205	199	199	184	224	204

주 : #1은 원통형 ICR18650이지만, 체적은 외접각주로서 계산하고 있다

는데도 불구하고, 각형 설계의 폴리머전지보다 에너지밀도가 우수하다. 이것은 ICR18650이 단1에 가까운 형태로 에너지효율이 좋다는 것과, 폴리머전지를 이와 같은 형으로 설계하는 것은 득이 되지 않는다는 것을 나타내고 있다.

이 사이즈로 한다면 폴리머전지도 감는 방식의 전지로 해야 할 것이다. 각형의 리튬이온 전지와 비교해도 두께가 8mm인 #2에서는 폴리머전지보다 리튬이온 전지가 우수하다.

리튬이온 전지에서는 아직 5mm 두께가 달성되어 있지 않은데, 앞으로도 될지 안 될지는 알 수 없지만, 설사 만들어졌다 하더라도 8mm 두께보다 에너지밀도는 약 10% 저하된다. 한편 폴리머전지는 이 범위에서는 형상 요소의 영향을 받지 않으므로 에너지밀도는 호각이 된다.

폴리머전지는 3mm, 2mm 또는 보다 박형도 가능한데, 엽서 사이즈(100×150) 3mm에서는 에너지밀도의 절대값이 베스트가 되고, #1의 ICR18650과 같은 에너지밀도가 달성된다. 그러나 #6과 같이 한층 더 대형화하여 얇게 하면, 다시 에너지밀도는 저하되고 만다. 어쨌든, 현재 상태의 기술로는 리튬이온 전지와 거의 동등한 에너지밀도라는 것이 가능하다.

리튬이온 전지의 원통형, 각형은 여러 가지 설계 제작상의 제약으로부터 그 제품의 사이즈가 각각 그림 3.1.6으로 나타낸 범위로 제한되지만, 폴리머전지에는 사이즈의 제약이 없고 그림의 전 영역이 가능하게 된다. 그림에서 폴리머전지의 영역으로 된 것은 폴리머전지의 특징이 충분히 발휘되는 영역으로, 그 외 영역에서의 전지 제작도 가능하다.

폴리머전지는 리튬이온 전지와 같이, 반응면적을 넓혀 내부저항을

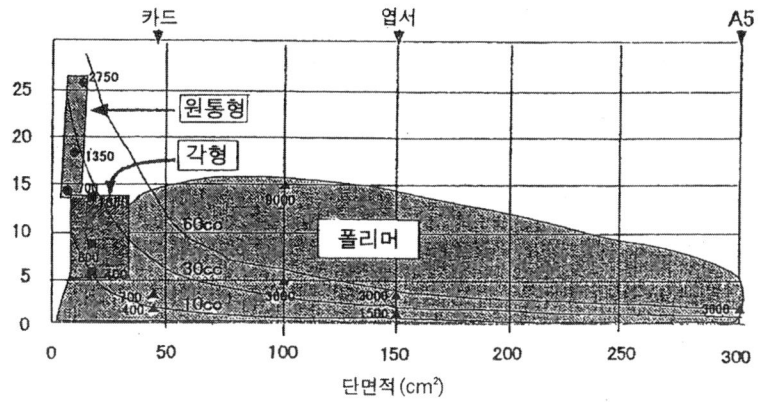

그림 3. 1. 6 리튬이온 전지와 겔 SPE 전지의 제품 사이즈 범위

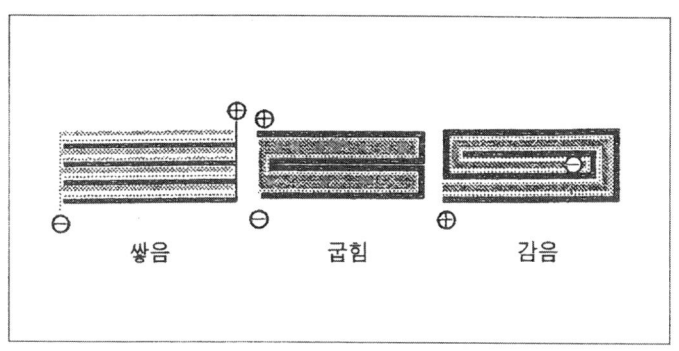

그림 3. 1. 7 여러 가지 적층방식

낮추는 것이 필요하기 때문에, 전극의 두께는 100μm 전후로서, 전극 한 쌍에서 300μm 정도가 표준이다.

전지의 두께를 수 mm로 하는 경우에는 당연히 여러 장의 전극이 적층으로 되는데, 리튬이온 전지의 경우에는 감는 방식으로 거의 한정되는 것에 비해, 폴리머전지에서는 그림 3.1.7의 겹침방식이나 Z

자형으로 굽히는 방식도 가능하다.

　적층 수가 적을 경우, 감는 방식은 적합하지 않으며 겹치는 방식과 Z자형으로 굽히는 방식이 채용된다.

제 2 장
기술면에서의 장래 전망

1. 니켈계 양극 채용의 가능성

현재 리튬이온 전지에서는, 양극재로서 주로 $LiCoO_2$가 사용되고 있다. 예외적으로는 $LiMn_2O_4$도 사용되고 있으나, 코스트 상의 메리트는 있지만 전지용량이 10% 정도 낮아진다. $LiCoO_2$를 대신하여 양극 에너지밀도가 40% 정도 향상되는 $LiNiO_2$를 채용하려는 노력이 계속되고 있으나, 안전성에 문제가 있어 지금까지 실용화되지는 못했다. 겔 폴리머전지는 기본적으로 액체전해질 리튬이온 이차전지보다 극단적으로 안전성이 우수하여, 이 계에서는 $LiNiO_2$이 채용될 가능성이 크다. 이것이 실현되면 용량의 향상만이 아니라 코스트적으로도 메리트가 있다고 할 수 있다.

$LiNiO_2$는 $LiCoO_2$와 같은 육방정의 층상 암염구조로서, $LiCoO_2$와 같이 Li^+ 이온을 층 사이에 들여보낸다.

이 화합물은 Goodenough 등에 의해 $LiCoO_2$와 동시에 이차전지 양극재료로서의 특성이 명확해졌다[43]. $LiNiO_2$의 충전특성은 그림 3.2.1에 나타난 대로인데, 방전전압은 $LiCoO_2$보다 약간 낮지만, Li_xCoO_2가 $x = 1 \sim 0.5$의 범위밖에 사용되지 않는데 비해 Li_xNiO_2는 $x = 1 \sim 0.3$까지 사용할 수 있기 때문에, 양극 에너지밀도는 약 40% 향상된다.

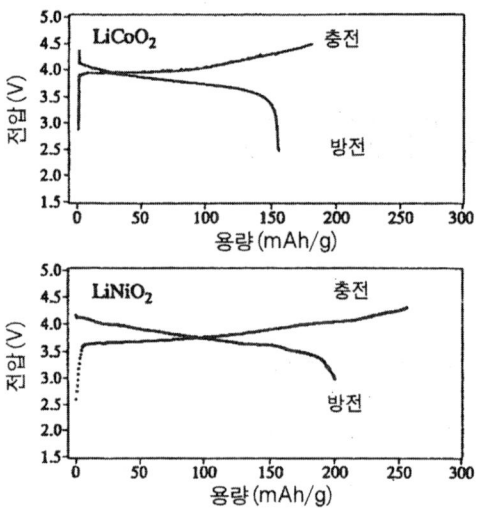

그림 3. 2. 1 LiCoO₂와 LiNiO₂의 충방전특성
(출전 : 菅野了次, 新規二次電池材料の最新技術, CMC, 1997)

표 3. 2. 1 코발트, 니켈의 코스트, 매장량 및 규제값

	금속시장가격 ($/kg)	지각중 원소존재비 (ppm)	배기중 허용량 (mg/m³)	배수중 허용량 (mg/dm³)
Co	25	25	0. 1	0. 7
Ni	13	75	1	13. 4

표 3. 2. 2 산소이탈 개시온도(full 충전시)

승온속도	0. 5℃/min	2℃/min
Co	225℃	240℃
Ni	180℃	205℃

(출전 : 芳尾眞幸, 小澤昭彌編, リチウムイオン二次電池,
日刊工業新聞社, 1996)

또, 표 3.2.1과 같이 $LiNiO_2$는 $LiCoO_2$에 비해서 자원량이 많아, 앞으로의 리튬이온계 전지의 EV 등으로의 도입에 따른 사용량이 비약적으로 증대되어도 재료의 공급은 지장이 적고, 가격도 상대적으로 낮다는 장점이 있다. 더욱이 환경문제에 대해서도, 니켈은 코발트보다도 규제값이 높아 환경오염에 대한 우려도 적어진다.

이와 같이 많은 장점이 있는데도 불구하고 현재까지 사용되고 있지 않았던 것은, $LiNiO_2$는 가열될 경우 $LiCoO_2$보다도 낮은 온도에서 산소를 방출하기 시작하여 안전성에 문제가 있기 때문이다. 높은 안전성의 폴리머전지에서는 이 재료를 사용할 수 있는 가능성이 충분히 있다고 기대된다.

2. 금속리튬 음극의 채용

현재의 리튬이온 이차전지에서는 탄소재료를 음극으로서 사용하여 리튬이온의 삽입·이탈을 전극반응으로 이용하고 있다. 이것은 액체 전해질계에서 리튬금속을 사용하여 충방전을 반복하면 덴드라이트가 생겨, 이것이 충방전효율을 저하시킬 뿐만 아니라, 세퍼레이터를 뚫고서 양극과 단락하여 안전상 극히 치명적인 사고로까지 이어지기 때문이다.

이 탄소 이용기술의 완성에 의해서 리튬계 이차전지가 실용화되었으나, 한편으로는 에너지밀도의 감소를 초래하였다.

표 3.2.3과 같이 리튬금속은 $3873mAh/g$의 용량밀도가 있으나, 탄소를 사용하면 LiC_6으로 계산해서 $339mAh/g$에 지나지 않기 때문에, $1/10$ 이하로 되어버린다.

$LiCoO_2$와 조합한 양음극 에너지밀도에서도, 후자의 $370Wh/kg$에 대하여 전자는 $452Wh/kg$으로 20% 이상의 차가 있다. 전지계

표 3.2.3 리튬금속과 탄소의 비교

		Li	LiC₆
분자량		6.94	78.94
비 중		0.53	2
이론용량밀도	Ah/kg	3873	339
	Ah/dm³	2052	679

로서는 용기나 집전재가 공통이므로 그 차는 한층 더 줄어들지만, 이론 에너지 밀도에 대해서 전지의 에너지밀도가 1/3이 된다고 가정하면, 리튬이온 전지의 123Wh/kg에 대해서 리튬금속 전지는 151Wh/kg이 된다.

제2편 제1장에서 소개한 것처럼, 진성 SPE 전지에서는 금속리튬의 사용으로도 600회의 사이클을 달성하였으며, 각종 안전실험에서도 전혀 문제가 없었다. 이 외에도, 예를 들어 영국의 AEA(Atomic Energy Authority)에서도 300회를 넘는 사이클을 달성하고 있다[44].

진성 SPE에 비해서 겔 SPE의 강도는 열등하나, 전해액을 함유하는 폴리올레핀 세퍼레이터의 구멍 부분에 비하면 강도가 압도적으로 뛰어나, 앞에서 말한 Polyplus나 오야마 등의 유기 디설파이드 전지 및 Moltech의 카본설파이드 전지에서는, 리튬금속 음극을 사용해서 수백 회의 사이클을 달성하고 있다.

그러나 그림 2.2.13(p95)의 B나 C의 격리층에서는 1000회 가까이 되는 충방전 사이클의 실현은 어렵고, 그 후의 과혹실험에서도 다소 문제가 있을 것이라 생각되지만, D나 E의 구분에서 겔이 넓은 온도범위에서 적용 가능하다는 것을 활용하면 충분히 실용화를 기대할 수 있을 것이다.

3. 바이폴러(Bipolar) 전지

액체전해질에서는 그림 3.2.2와 같이 하나의 전지용기 내에 복수의 셀을 직렬로 접속하면 전해액에 의한 내부 단락이 일어나므로, 기준전압 이상의 전지를 작성한다는 것은 불가능하다. 그러나 SPE 전지의 경우에는 전해질이 고형화되어 있어, 자유로운 액체가 없으므로 이것이 가능해진다.

앞에서 기술한 크레디트 카드 사이즈로서 40mAh 전지의 전극을 그림 3.2.3과 같이 하나의 라미네이트 필름 용기 내에서 두 개의 셀을 직렬로 접속한 7.2V 전지를 시험삼아 제작한 결과, 그림 3.2.4와 같이 2배의 전압이 얻어지므로, 그림 3.2.5에 나타낸 것처럼 안정된 사이클이 가능해진다.

2개의 직렬에 그치지 않고 몇 개라도 직렬접속이 가능하므로, 예를 들어 표 2.2.12(p112)의 크레디트 카드 사이즈 전지를 6개 직렬로 한 20V-100mAh의 구조로 하는 경우, 개개의 전지를 제작해서 겹치는 경우 3.6mm+α의 두께가 되지만, 바이폴러 전지기

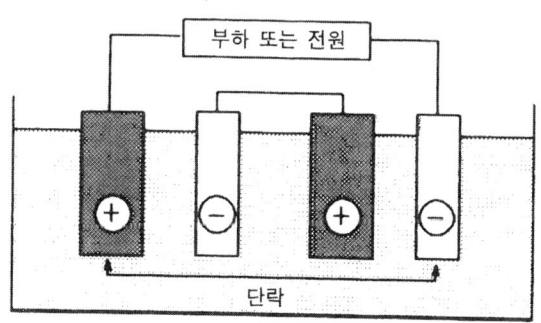

그림 3.2.2 복수 전극의 직렬접속

그림 3.2.3 바이폴러 겔 SPE 전지

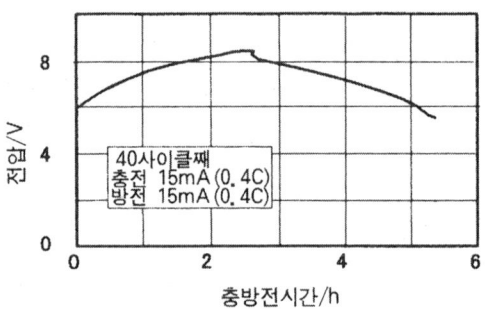

그림 3.2.4 바이폴러 전지의 충방전특성

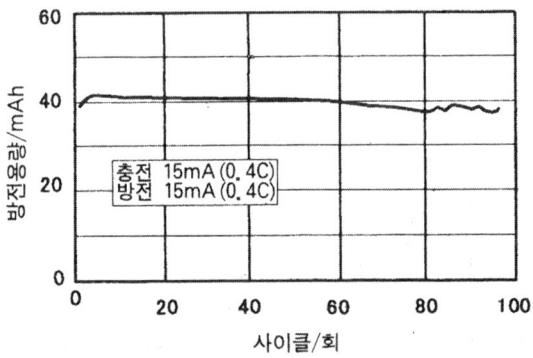

그림 3.2.5 바이폴러 전지의 사이클특성

술을 사용하면 라미네이트 필름 용기가 하나이므로 2.6mm로 제한할 수 있어, 체적 에너지밀도는 150% 향상된다. 비용면에서도 용기의 절약과 공정감축으로 유리하게 된다.

바이폴러 전지를 완성하기 위해서는, 어떠한 환경조건에서도 유동화 한다든지 변형하여 파괴되지 않는 겔 SPE의 사용이 절대조건으로, BEI의 가교 겔과 부직포 보강의 SPE가 최적이다.

4. 보호회로는 어떻게 되는가

BEI의 겔 SPE 전지와 같이, 과충전특성이 극히 뛰어난 경우에는 보호회로를 삭제 또는 간략화할 수 있는 가능성이 있다. 보호회로의 목적은 안전대책과 과충전·과방전에 의한 전극의 비가역적 파괴의 2개가 있으나, 후자에 대해서는 BEI 전지의 경우 리튬이온 전지와 같이 엄격한 전압의 설정은 필요하지 않고, 일반 충전기나 일반 기기의 종지전압 제어로서 충분하기 때문에, 특별한 보호회로를 필요로 하지는 않는다.

전자에 대해서 장래에는 보호회로가 불필요하다는 예측도 있으나, 현재 상태에서는 돌다리도 두들겨보고 건넌다는 기분으로 500mAh 이상인 용량의 전지에는 탑재되어야 한다. 그러나 이 경우는 ±0.1V 정도의 정밀도로 충분하므로, 회로의 코스트는 큰 폭으로 경감될 것이다.

크레디트 카드 사이즈의 50mAh~200mAh 전지에서는, 안전성면에서 보호회로는 불필요하다.

제❸장
에너지밀도 향상을 위한 개략

　이상에서 서술한 각종 전지 시스템의 양음극 이론 에너지밀도를
정리하면 그림 3.3.1이 된다. 앞에서 서술한 것처럼 리튬이온 전지
에서는 이론 에너지밀도에 대해서 전지 에너지밀도는 약 1/3이 된
다. 리튬이온 전지는 대체로 이러한 경향이 적으나, 유황계 양극전지
는 일반적으로 도전조제를 많이 필요로 하고, 또 전극저항이 높으므
로 부하특성을 유지하기 위해서는 전극을 얇게 하는 것이 필요한데,
그 때문에 상대적으로 집전체나 세퍼레이터의 체적 점유율이 높아진
다. 따라서, 양음극 이론 에너지밀도는 1/4～1/5로 저하한다고 예
측할 수 있다.

　이들의 인자를 계산에 넣어 각 시스템의 전지 에너지밀도를 추정
한 것이 그림 3.3.2이다. 리튬금속－LiNiO$_2$의 도입에서도 약 50
%의 에너지밀도 향상이 기대되나, 유황계 양극이 실용화되면 2～3
배의 에너지밀도를 기대할 수 있다.

　더욱이 이 그림에는 들어가 있지 않지만, 바이폴러 전지기술이 도
입되면 박형 전지에서도 30～40%의 체적 에너지밀도의 향상이 기
대될 것이다. 폴리머 리튬전지의 발전으로 21세기에는 모바일
(mobile) 기기가 점점 발전하여, 우리들의 생활은 한층 편리해질
것이다.

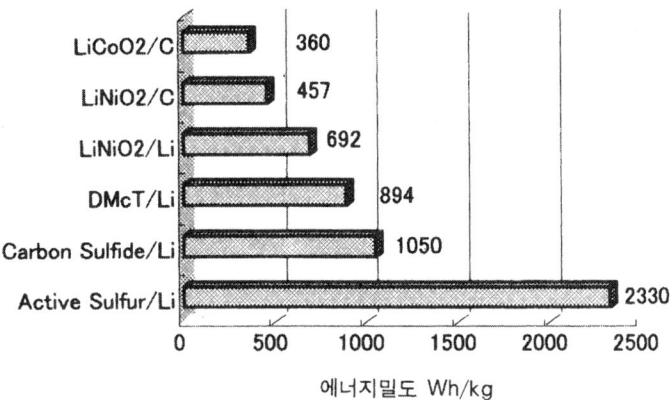

그림 3. 3. 1 각 시스템의 이론 양음극 에너지밀도

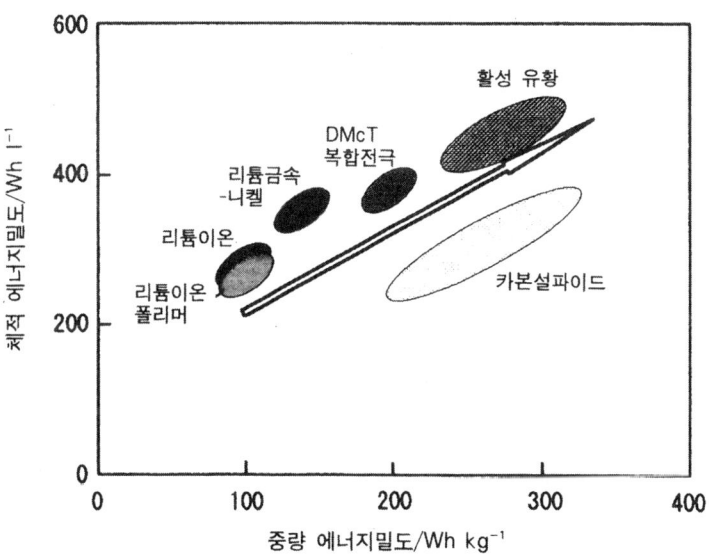

그림 3. 3. 2 에너지밀도 향상의 예측

제 ❹ 장
시장의 전망

    지금까지 이야기한 내용을 정리하여 폴리머 리튬 전지의 시장 우위성을 표 3.4.1에 나타내었다. 우위성 면에서 제일 위의 것은 박형을 시작으로 하는 형상의 자유성이다. 미국의 권위있는 조사회사가 폴리머전지의 시장조사를 위해 PC, 휴대폰 관련 기술자와 매니저를 중심으로 의견을 구한 결과, 디자인 플렉시빌리티(형상 자유도)에 대한 관심이 가장 강하였다.

    다음으로 관심이 높은 것은 에너지밀도였다. 현재의 리튬이온계와 같은 양음극 재료만을 사용한다면, 차별화할 수 있는 고에너지밀도는 기대하기 어렵지만, 니켈계 재료나 리튬금속의 도입, 특히 유황계 양극이 실현되면 에너지밀도는 비약적으로 향상될 것이다.

    높은 신뢰성 또한 중요한 요소이다. 누액이 전혀 없고 과충전이나 과방전에 강한 전지라면 기기 설계자도 안심해서 설계할 수 있고, 사용자도 안심하고 사용할 수 있다.

    가격에 대해서도, 한 개 회사에서 월 백만 개를 넘는 생산단계에 이르면 틀림없이 현재의 리튬이온 전지에 대해서 유리하게 된다. 니켈계나 유황계의 양극, 리튬금속 음극의 도입이 실현된다면, 한층 더로 코스트화가 가능해질 것이다.

    이들의 우위성이 기술한 대로 실현된다면, 폴리머 리튬 전지의 장래는 밝을 것이다. 올해를 폴리머전지의 원년으로 하여, 2005년경

표 3.4.1 시장 전개를 위한 폴리머전지의 우위성

---

1. 형상 우위성

1. PC, 휴대폰의 소형 박형화는 필연적 추세
   → 폴리머전지의 독무대
2. PDA 등 소형 휴대용 전자기기의 보급
3. 1mm 두께 이하의 전지사용 기기 시장의 창조

2. 고에너지밀도

1. 캔, 마개가 불필요 → 고중량 에너지밀도
2. 공기실이 불필요 → 고체적 에너지밀도
3. 리튬금속 음극 도입은 폴리머전지만이 가능
4. 니켈산리튬의 도입 가능성이 커진다
5. 유황계 양극은 폴리머전지만이 도입 가능

3. 높은 신뢰성

1. 누액사고의 절멸
2. 내과충전, 내과방전특성
3. 커다란 방열 면적으로 예측하지 못할 온도상승 제어
4. 내부단락의 가능성 적어짐
5. 고온에서의 사용(특히 진성 폴리머전지)

4. 로코스트

1. 캔, 마개, 세퍼레이터가 불필요
2. 보호회로의 간략화 내지는 삭제
3. 리튬금속 사용으로 고가의 탄소음극을 배제
4. 니켈은 코발트보다 저가, 유황은 한층 더 저가
5. 우수한 생산성

에는 전체 이차전지의 1/3, 리튬계 이차전지의 1/2 이상의 셰어를 획득할 것으로 기대된다. 이와 같이 기대되는 커다란 시장을 점유하기 위하여 세계의 많은 기업이 참가하려 하고 있다. 그 대표적인 것

을 표 3.4.2에 나타내었다.

표 3.4.2 폴리머전지 참입을 목표로 하는 기업군

업 체	나라	양극	전해질	음극
진성 폴리머전해질 전지				
Hydro-Quebec/3M	캐나다/미국	V_6O_{13}	PEO계	Li
겔 폴리머전해질 전지				
Battery Engineering, Inc.	미국	$LiCoO_2$	*In situ*중합	Carbon
Ultralife Batteries Inc.	미국	$LiMn_2O_4$	PVdF-HFP	Carbon
Valence Technology Inc.	미국	$LiMn_2O_4$	PVdF-HFP	Carbon
Lithium Technology Corp.	미국	$LiCoO_2$	Acryloil	Carbon
Gould Electronics Inc.	미국	$LiMn_2O_4$	PVdF-HFP	Carbon
High Energy	미국	$LiMn_2O_4$	PVdF-HFP	Carbon
SAFT America	미국	$LiCoO_2$	PVdF	Carbon
Electrofuel	캐나다	$LiCoO_2$	Psuedo Gel	Carbon
Varta Portable Battery	독일	$LiMn_2O_4$	PVdF-HFP	Carbon
Danitoronics A/S	덴마크	$LiMnO_4$		Carbon
Shubila	말레이시아	$LiCoO_2$	PVdF-HFP	Carbon
Synergy Scientific	대만	$LiMn_2O_4$	PVdF-HFP	Carbon
히타치막셀	일본	$LiCoO_2$	*In situ*중합	Carbon
마쯔시타	일본	$LiCoO_2$	PVdF+PEO	Carbon
산요전기	일본	$LiCoO_2$		Carbon
Yuasa	일본	$LiCoO_2$	*In situ*중합	Carbon
GS Melcotech	일본	$LiCoO_2$	PVdF	Carbon
소니	일본	$LiCoO_2$	PAN	Carbon
도시바	일본	$LiCoO_2$	PVdF-HFP	Carbon
유황계 양극 활물질 전지				
PolyPlus	미국	DMcT		Li
		활성 유황		Li
Moltech	미국	$(CS_x)_n$		Li
마쯔시타	일본	DMcT	PAN계	Li

참고문헌

1) P. V. Wright, *Br. Polym. J.*, **7**, 319 (1975)

2) M. B. Armand, J. M. Chabano, M.J. Duclot, Fast Ion Transport in Solids (Ed. by P. Vashishta, J. N. Mundy, G. K. Shnovy), p.131, North Holland, New York (1979)

3) 総説 : 緒方直哉編, 導電性高分子, 講談社

4) 渡辺正義 외, 第36回電池討論会予稿集, p.299(1995)

5) A. Nishimoto, M. Watanabe, Y. Ikeda, S Kohjiya, *Electrochimica Acta*, **43**, 1177(1998)

6) D. Kukker, A. Belanger, 38th Power Sources Conference, p.282(1998)

7) I. Olsen, R. Koksbang, The Electrochemical Society Proceedings, Vol. **94-28**, p.421(1994)

8) A. S. Gozdz, J. M. Tarascon, O. S. Gebizsioglu, C. N. Schmutz, P. C. Warren, F. K. Shokoohi, The Electrochemical Society Proceedings, Vol. **94-28**, p.400(1994)

9) G. Feuillade, Ph. Perche, *J. of Applied Electrochemistry*, **5**, 63(1975)

10) K. M. Abraham, M. Alamgir, *J. Electrochem. Soc.*, **137**, 1657(1990)

11) K. M. Abraham, M. Alamgir, US Patent 5,219,679(1993)

12) C. Schmutz , J. M. Tarascon, A. S. Gozdz, P. C. Warren, F. K. Shokoohi, The Electrochemical Society Proceedings,

Vol. **94-28**, p.330(1994)

13) 宇恵誠, 高性能二次電池における材料技術とその評価応用展
    開, p.109, 技術情報協会(1998)

14) R. Haq, R. Koksbang, P. Ponder, G. Farignton,
    Electrochimica Acta, **37**, 1681 (1992)

15) 明石寛之, ポリマーバッテリーの最新技術, p.114, シーエム
    シー(1998)

16) G. Nagasubramanian, D. H. Shen, S. Surampudi, Q. Wang,
    G. K. Surya, *Electrochimica Acta*, **40**, 2277 (1995)

17) I. Olsen, R. Koksbang, The Electrochemical Society
    Proceedings, Vol. **94-28**, p.421(1994)

18) 大澤利幸, 電気化学セミナー (電気化学協会主催), **1**,
    67(1995)

19) X. Anddrieu, C. Jehoulet, F. Boudin, 38th Power Sources
    Symposium, p.266(1998)

20) J.M. North, US Patent 5,085,952(1992)

21) L. Sun, US Patent 5,609,974(1997)

22) L. Sun, US Patent 5,603,982(1997)

23) M. Kono, M. Nishiura, E. Ishiko, T. Sada, 6th International
    Symposium on Polymer Electrolyte 에서 발표

24) 植谷慶雄, 工業材料, **47**(2), 21(1999)

25) 芦田勝二, 工業材料, **47**(2), 25(1999)

26) 宮木義行, ポリマーバッテリーの最新技術, p.209, シーエム
    シー(1998)

27) E. Cuellar, C. E. Newman, N. Scholey, The 12th International Seminar & Exhibit on Primary & Secondary Batteries (1995)

28) C. E. Newman, The 13th International Seminar & Exhibit on Primary & Secondary Batteries (1996)

29) Ultralife, Rechargeable Solid Polymer Battery Progress Report, March 1997

30) J. C. Chiang et al., Synth. Metals, 13 (1987)

31) 山本隆一, 松永孜, ポリマーバッテリー, p.32, 共立出版 (1990)

32) 米山宏, ポリマーバッテリーの最新技術, p.87, シーエムシー (1998)

33) L. C. De Jonghe, S. J. Visco, C. C. Mailhe, M. B. Armand, US Patent 4833048 (1989)

34) M. Liu, S. J. Visco, L. C. De Jonghe, J. Electrochem. Soc., 138, 1891 (1991)

35) 小山昇, 外邨正, ポリマーバッテリーの最新技術, p.75, シーエムシー(1998)

36) T. Sotomura, T. Tatsuma, N. Oyama, J. Electrochem. Soc., 143, 3152(1996)

37) T. A. Skotheim, US Patent 5,460,905 (1995)

38) J. Broadhead, T. Skotheim, The 15th International Seminar & Exhibit on Primary & Secondary Batteries (1998)

39) M. Chu, US Patent 5,523,179 (1996)

40) 枝洋樹, 山下勝巳, 畑陽一郎, 日経エレクトロニクス, **715**, 123(1998)

41) 三宅常之, 日経エレクトロニクス, **724**, 53(1998)

42) 植谷慶雄, 電池便覧, p.109, 丸善(1990)

43) W. J. Macklin, R. J. Neat, S. S. Sandhu, *Electrochimca Acta*, **37**, 1715(1992)

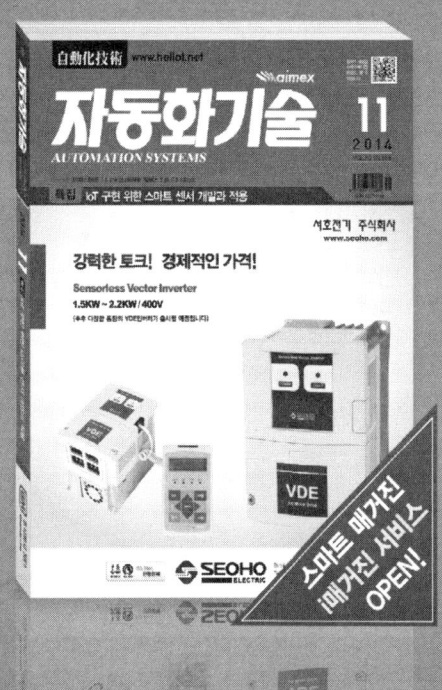

역 자 소 개

한원철(jyhwc04@gmail.com)

- 성균관대학교 화학과 졸업
- 동경대학 응용화학과 석사 및 박사 졸업
- 동경대학 생산기술연구소 박사 연구원
  - 리튬이온전지 전극재료 합성 및 반응 연구
  - 수소전지(연료전지) 전해질 재료 합성 및 반응 연구

- 삼성 SDI 입사
  - 사업부 리튬이온전지 셀개발
  - 본사 기획팀
  - 본사 신사업발굴 TF 팀
  - ESS(거치형 중대형 전지) 기획/ 마케팅
  - 사업부 리튬이온전지 팩개발

폴리머 전지

2000. 9. 25. 1판 1쇄 발행
2015. 9. 10. 2판 1쇄 발행
2016. 1. 12. 2판 2쇄 발행

지은이 | 植谷慶雄
옮긴이 | 한원철
펴낸이 | 이종춘
펴낸곳 | BM 주식회사 성안당
주소 | 04032 서울시 마포구 양화로 127 첨단빌딩 5층(출판기획 R&D 센터)
     | 10881 경기도 파주시 문발로 112(제작 및 물류)
전화 | 02) 3142-0036
     | 031) 950-6300
팩스 | 031) 955-0510
등록 | 1973.2.1 제406-2005-000046호
출판사 홈페이지 | **www.cyber.co.kr**
ISBN | 978-89-315-2522-9 (13560)
정가 | 20,000원

이 책을 만든 사람들
교정·교열 | 이태원
전산편집 | 김인환
표지 디자인 | 박원석
홍보 | 전지혜
국제부 | 이선민, 조혜란, 신미성, 김필호
마케팅 | 구본철, 차정욱, 나진호, 이동후, 강호묵
제작 | 김유석